AF726813

Brandschutz in Justizvollzugsanstalten und geschlossenen Einrichtungen

Jetzt diesen Titel zusätzlich als E-Book downloaden und 70 % sparen!

Als Käufer dieses Buchtitels haben Sie Anspruch auf ein besonderes Kombi-Angebot: Sie können den Titel zusätzlich zum Ihnen vorliegenden gedruckten Exemplar für nur 30 % des Normalpreises als E-Book beziehen.

Der BESONDERE VORTEIL: Im E-Book recherchieren Sie in Sekundenschnelle die gewünschten Themen und Textpassagen. Denn die E-Book-Variante ist mit einer komfortablen Volltextsuche ausgestattet!

Deshalb: Zögern Sie nicht. Laden Sie sich am besten gleich Ihre persönliche E-Book-Ausgabe dieses Titels herunter.

In 3 einfachen Schritten zum E-Book:

1. Rufen Sie die Website www.beuth.de/e-book auf.

2. Geben Sie hier Ihren persönlichen, nur einmal verwendbaren E-Book-Code ein:

   294321416DKK17D

3. Klicken Sie das „Download-Feld“ an und gehen dann weiter zum Warenkorb. Führen Sie den normalen Bestellprozess aus.

Hinweis: Der E-Book-Code wurde individuell für Sie als Erwerber dieses Buches erzeugt und darf nicht an Dritte weitergegeben werden. Mit Zurückziehung dieses Buches wird auch der damit verbundene E-Book-Code für den Download ungültig.

Brandschutz in Justizvollzugsanstalten und geschlossenen Einrichtungen

DIN

Matthias Otto

Wissenschaftliche Mitwirkung:
Pia Hirschberger

Brandschutz in Justizvollzugsanstalten und geschlossenen Einrichtungen

2., überarbeitete und erweiterte Auflage 2022

Herausgeber:
DIN Deutsches Institut für Normung e. V.

Beuth Verlag GmbH · Berlin · Wien · Zürich

Herausgeber: DIN Deutsches Institut für Normung e. V.

© 2022 Beuth Verlag GmbH
Berlin · Wien · Zürich
Am DIN-Platz
Burggrafenstraße 6
10787 Berlin

Telefon: +49 30 2601-0
Telefax: +49 30 2601-1260
Internet: www.beuth.de
E-Mail: kundenservice@beuth.de

Satz: Beuth Verlag GmbH, Berlin

Druck: PrintGroup, Szczecin

Gedruckt auf säurefreiem, alterungsbeständigem Papier nach DIN EN ISO 9706

ISBN 978-3-410-29432-0
ISBN (E-Book) 978-3-410-29433-7

Autorenporträt

Dipl.-Ing. MEng MATTHIAS OTTO | Jahrgang 1969

1990–1995 Studium Bauingenieurwesen an der TH Leipzig

1999–2017 Geschäftsführer und Gesellschafter K.O.P. Klinge Otto Planung GmbH

2008–2011 Studiengang Master of Engineering Vorbeugender Brandschutz (EIPOS e. V./Hochschule Zittau-Görlitz (FH))

seit 2014 Anerkennung als Prüfingenieur für Brandschutz durch das Sächsische Staatsministerium des Innern

seit 2018 Büro für Brandschutzprüfung und Brandschutzplanung am Standort Ferdinand-Lassalle-Str. 1A in Leipzig

seit 2018 Dozent für den Masterstudiengang Vorbeugender Brandschutz und die Fachfortbildung Sachverständiger für Vorbeugenden Brandschutz bei EIPOS Europäisches Institut für postgraduale Bildung GmbH, Dresden

seit 2019 Geschäftsführer und Gesellschafter der Brandschutzeins GmbH, Leipzig

Vorwort zur 2. Auflage

Seit dem Erscheinen der 1. Auflage im Jahr 2012 sind nunmehr 10 Jahre vergangen. Die sehr positive Resonanz auf die zwischenzeitlich vergriffene 1. Auflage aufgreifend, wird die vorliegende 2. Auflage auf folgende Gebäudekategorien erweitert:

- Einrichtungen des Maßregelvollzugs
- Sozialtherapeutische Anstalten
- Kliniken für Forensische Psychiatrie und Psychotherapie
- Haftkrankenhäuser
- Einrichtungen des Polizeigewahrsams
- Sonstige geschlossene Einrichtungen des Justizvollzugs

Damit soll zum einen der Interessentenkreis für dieses Nischenthema einer Fachliteratur auf diese Gebäudekategorien erweitert werden, zum anderen sind die vom Gesetzgeber definierten Schutzziele (die Sicherheit und der Schutz der Allgemeinheit vor weiteren erheblichen rechtswidrigen Taten) und die daraus resultierenden brandschutztechnischen Besonderheiten vergleichbar mit dem Gebäudetypus Justizvollzugsanstalt.

Im Zuge der vorliegenden 2. Auflage wurden auch die bauordnungsrechtlichen Anforderungen und Begrifflichkeiten umfassend unter Anwendung der zwischenzeitlich aktualisierten bauordnungsrechtlichen Gesetzgebung überarbeitet. Damit wurde insbesondere auch dem Urteil des Gerichtshofes der Europäischen Union (EuGH) vom 16.10.2014 in der Rechtssache C-100/13 (Vertragsverletzung der Bundesrepublik Deutschland in Bezug auf den freien Warenverkehr von CE-gekennzeichneten Bauprodukten) [1] Rechnung getragen. Als Reaktion auf das EuGH-Urteil hat die Bauministerkonferenz im Mai 2016 die Musterbauordnung (MBO) [2] überarbeitet. An die Stelle der Bauregellisten und der Liste der Technischen Baubestimmungen ist die Musterverwaltungsvorschrift Technische Baubestimmungen (MVV TB) [3] in der derzeit aktuellen Ausgabe 2021/1 getreten.

Anhand der zwischenzeitlich gesammelten Erfahrungen wurde der Inhalt gegenüber der 1. Auflage vollständig überarbeitet und auf der Grundlage der gewonnenen Erkenntnisse fachlich überprüft. In diesem Sinne wurde der Abschnitt *Brandschutzkonzept – Baulicher Brandschutz* mit den materiellen bauordnungsrechtlichen Anforderungen konkretisiert und fortgeschrieben.

Die vorliegende 2. Auflage berücksichtigt auch die einschlägigen Regelungen für Österreich und die Schweiz, sodass auch das Fachpublikum aus diesen Ländern gezielt angesprochen werden soll. Die Publikation erhebt daher den Anspruch, als fachliche Entscheidungshilfe für den deutschsprachigen Raum zu dienen.

Ein Dank gilt an dieser Stelle wieder dem Staatsbetrieb Sächsisches Immobilien- und Baumanagement für die großzügige Unterstützung, insbesondere hinsichtlich der Genehmigung für den Zugang zu den entsprechenden Einrichtungen. Vielen Dank auch an die Fachkollegen, die mich mit Hinweisen und konstruktiven Diskussionen bei diesem Spezialthema des Brandschutzes unterstützt haben. Ein ganz besonderes Dankeschön gilt abschließend meiner sehr geschätzten Kollegin Pia Hirschberger für die intensive fachliche Unterstützung und die motivierende Beratung bei der Ausarbeitung dieser vorliegenden 2. Auflage.

In Kenntnis der Tatsache, dass sich eine noch so gut recherchierte wissenschaftliche Arbeit immer in einem Prozess befindet, freue ich mich wieder auf eine rege Resonanz zu dieser Publikation.

Matthias Otto | Leipzig, im November 2022

Vorwort zur 1. Auflage

Die qualifizierte Planung einer Justizvollzugsanstalt stellt für alle Projektbeteiligten eine große Herausforderung dar. Insbesondere bei der brandschutztechnischen Beurteilung dieser Anlagen sind aufgrund der spezifischen Nutzungsart und der damit verbundenen Eigenheiten im Vergleich zu anderen baulichen Anlagen zahlreiche Besonderheiten zu beachten. Beispielsweise kollidiert das bauordnungsrechtlich geforderte Schutzziel der Personenrettung über unabhängige und eigenständig benutzbare Rettungswege mit den primären Schutzzielen einer Justizvollzugsanstalt: der Gewährleistung der Ausbruchsicherheit und dem damit verbundenen Schutz der Allgemeinheit vor verurteilten Straftätern. Die Brandschutzbelange müssen daher zu einem erheblichen Teil mit dem Schutzziel der Ausbruchsicherheit in Einklang gebracht werden.

Gemäß Bauordnungsrecht gelten Justizvollzugsanstalten als Sonderbauten, wie beispielsweise auch Hochhäuser, Schulen und Versammlungsstätten, wobei speziell für Justizvollzugsanstalten im Gegensatz zu den vorgenannten Sonderbauten keine Sonderbauverordnung bzw. Sonderbaurichtlinie zur Verfügung steht. Fachliteratur zur Planung von Justizvollzugsanstalten, insbesondere zum Thema Brandschutz, ist im Vergleich zu anderen Gebäudetypen ebenfalls kaum vorhanden. Aktuell gibt es in Deutschland 186 Justizvollzugsanstalten mit einer Belegungsfähigkeit von 77 669 Haftplätzen des geschlossenen und offenen Vollzuges, wovon zum Stichtag 31.03.2011 insgesamt 71 200 belegt waren. [4] Die Justizvollzugsanstalten stellen somit eine relativ kleine Gruppe von Sonderbauten[1] dar. Eine Besonderheit dieses Gebäudetyps besteht darin, dass die in Europa vorhandenen Anlagen des Strafvollzugs zu ca. 50 % vor 1900 und teilweise für andere Nutzungen (Schlösser, Burgen, Klöster, Wohnheime o. Ä.) errichtet wurden und oftmals zusätzlich die Belange des Denkmalschutzes zu berücksichtigen sind. Daraus resultierend wird der Schwerpunkt dieser Publikation auf die brandschutztechnische Beurteilung bestehender Anstalten ausgerichtet. Für Neubauvorhaben sind die Planungshinweise gleichermaßen anwendbar. Die zentrale Bedeutung des Themas „Brandschutz in Justizvollzugsanstalten“ ergibt sich auch anhand von aktuellen Pressemitteilungen, die Brandschutzmängel, insbesondere von

1 Im Vergleich dazu gibt es lt. [5] in Deutschland ca. 2 084 Krankenhäuser mit einer Kapazität von ca. 500 000 Betten bzw. lt. [6] ca. 11,7 Millionen Schüler und Schülerinnen an ca. 35 000 allgemeinbildenden und beruflichen Schulen im Schuljahr 2009/2010.

bestehenden Anstalten, oder aber Brandereignisse mit erheblichem Schadensumfang[2] thematisieren.

Ziel des vorliegenden Fachbuches ist es, wiederkehrende Brandschutzprobleme aufgrund der spezifischen Nutzung in Kombination mit den im Bestand vorhandenen historischen Gebäudestrukturen und der daraus resultierenden typischen Problempunkte anhand von Praxisbeispielen herauszuarbeiten, aufzuzeigen und möglichst verallgemeinerbare Lösungsansätze zu beschreiben. Das Buch betrachtet dabei sowohl die unterschiedlichen Bauweisen insbesondere der historischen Justizvollzugsanstalten als auch die Vielzahl der damit verbundenen komplexen und unterschiedlichen brandschutztechnischen Problemstellungen unter Berücksichtigung der teilweise differenzierten Anforderungsprofile der Justizministerien der betreffenden Bundesländer sowie der Justizvollzugsanstalten selbst.

Besonderer Dank gilt dem Staatsbetrieb Sächsisches Immobilien- und Baumanagement für die großzügige Unterstützung sowie dem Bau- und Liegenschaftsbetrieb NRW für die freundliche Genehmigung zur Veröffentlichung der „Empfehlungen zum Brandschutz beim Bau und Betrieb von Justizvollzugsanstalten des geschlossenen Vollzuges in NRW“ im Anhang. Ein weiterer herzlicher Dank geht an das Europäische Institut für postgraduale Bildung an der Technischen Universität Dresden e. V. (EIPOS) für die professionelle Betreuung der durch den Autor erstellten Masterarbeit zum Thema „Brandschutz in Justizvollzugsanstalten“ im Rahmen des Studienganges Vorbeugender Brandschutz, die die Basis für die vorliegende Publikation bildete.

Mit dem vorliegenden Handbuch wird im Sinne eines hohen Praxisbezuges versucht, möglichst typische Risikofaktoren bestehender Haftanstalten zu erfassen, zu analysieren und auf diese Ergebnisse aufbauend, einen zeitgemäßen Anwenderleitfaden sowohl für die Erarbeitung von Brandschutzkonzepten für Neubauprojekte als auch die brandschutztechnische Bewertung von bestehenden Justizvollzugsanstalten zu erstellen. Als Nutzergruppe sollen vorrangig Brandschutzsachverständige, aber auch andere Projektbeteiligte wie die Bauverwaltungen der Justizvollzugsanstalten, staatliche Hochbauämter und beauftragte Architekten und Fachplaner angesprochen werden.

Matthias Otto — Leipzig, im Mai 2012

2 Bei einem Brand am 08.12.2010 in dem massiv überbelegten Gefängnis San Miguel in der Hauptstadt Santiago de Chile, Chile, sind über 80 Gefangene ums Leben gekommen. Vgl. [7].

Inhaltsverzeichnis

1 Einleitung

Das vorliegende Praxishandbuch beschäftigt sich schwerpunktmäßig mit der brandschutztechnischen Beurteilung von Hafthäusern bzw. Unterkunftsgebäuden des geschlossenen Vollzugs.

Im Zuge der vorliegenden vollständig überarbeiteten 2. Auflage erfolgte eine Erweiterung auf die Gebäudekategorien Polizeigewahrsam, Einrichtungen des Maßregelvollzugs, Sozialtherapeutische Anstalten, Kliniken für Forensische Psychiatrie und Psychotherapie, Haftkrankenhäuser und sonstige geschlossene Einrichtungen des Justizvollzugs.

Nicht primär beurteilt werden Sonder- und Nebenbereiche wie beispielsweise Verwaltungsgebäude, Werkstätten und Gebäude, die der Freizeit oder Weiterbildung dienen. Im Rahmen dieser Publikation können verständlicherweise keine näheren Erläuterungen zu sicherheitsrelevanten Bereichen einzelner Justizvollzugsanstalten erfolgen. In diesem Zusammenhang wird zur Wahrung des Sicherheitsaspektes auf detaillierte Gebäudeanalysen weitestgehend verzichtet, aus denen möglicherweise bauliche, organisatorische und ablauftechnische Besonderheiten der jeweiligen Anstalt hervorgehen würden. Das verwendete Bildmaterial dient ausdrücklich nicht der Darstellung von Negativbeispielen, sondern vielmehr zur Verdeutlichung typischer Brandschutzaspekte. Auf die Benennung der jeweiligen Anstalt wird daher verzichtet. Der Hauptteil des Praxishandbuches wurde in den grundsätzlichen Strukturen eines Brandschutzkonzeptes aufgestellt und berücksichtigt eine Vielzahl differenzierter Planungsempfehlungen aus der beruflichen Praxis des Autors.

2 Grundlagen

2.1 Begriffe und Definitionen

2.1.1 Brandschutz

Der Begriff „Vorbeugender Brandschutz“ bezeichnet die Gesamtheit der Maßnahmen vor Brandausbruch zur Vermeidung von Bränden oder zur Verhinderung der Brandausbreitung. Der Oberbegriff „Brandschutz“ unterscheidet organisatorische und technische Brandschutzmaßnahmen. Die technischen Brandschutzmaßnahmen wiederum gliedern sich in bauliche und anlagentechnische Brandschutzmaßnahmen, die organisatorischen Brandschutzmaßnahmen in betrieblichen und abwehrenden Brandschutz (vgl. [8], S. 15).

Daraus lässt sich die Gesamtübersicht in Abbildung 1 ableiten:

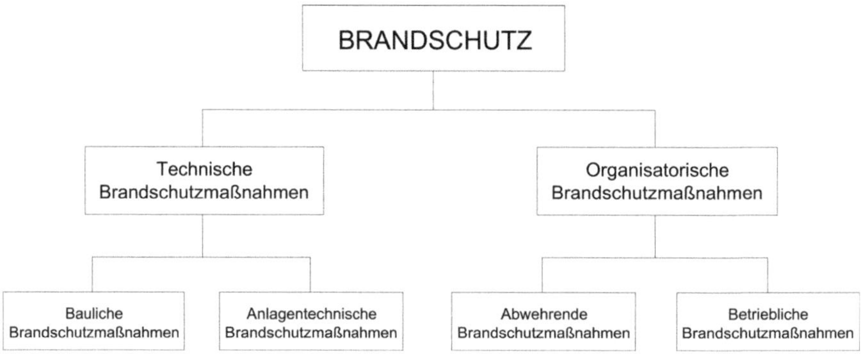

Abbildung 1: Struktur und Gliederung des Brandschutzes im Bauwesen [8]

2.1.2 Justizvollzugsanstalten

Die Justizvollzugsanstalten (JVA) dienen dem Vollzug der gesetzlich verfügten Freiheitsstrafe sowie der Unterbringung in der Sicherungsverwahrung. Wörtlich ist dem Strafvollzugsgesetz (StVollzG) [9] zu entnehmen: „Die Freiheitsstrafe sowie die Unterbringung in der Sicherungsverwahrung werden in Anstalten der Landesjustizverwaltungen (Justizvollzugsanstalten) vollzogen.“ Eine aussagekräftige Definition findet sich beispielsweise auf dem Justizportal des Landes Nordrhein-Westfalen: „Justizvollzugsanstalten sind die unter einer hauptamtlichen Leitung (Anstaltsleiterin/Anstaltsleiter) stehenden Vollzugsbehörden als untere selbständige Verwaltungseinheit im Bereich des Strafvollzuges. Es werden in Justizvollzugsanstalten die Freiheitsstrafe, die Sicherungsverwahrung, die Jugendstrafe, die Untersuchungshaft, die Zivilhaft (Ordnungs-, Sicherungs-, Zwangs- und Erzwingungshaft) und die Auslieferungshaft vollzogen.“ [10] Justizvollzugsanstalten sind Gebäude, die spezielle Anforderungen erfüllen müssen. Je nach Sicherheitsgrad sind entsprechende bauliche, technische und organisatorische Vorkehrungen zu treffen.

2.1.3 Vollzugsarten – geschlossener und offener Vollzug

In § 141 Abs. 2 Strafvollzugsgesetz (StVollzG) erfolgt eine Differenzierung in Anstalten des geschlossenen Vollzuges und Anstalten des offenen Vollzuges. Während Anstalten des offenen Vollzuges keine oder nur verminderte Vorkehrungen gegen Entweichungen vorsehen, ist das Grundprinzip des geschlossenen Vollzuges eine sichere Unterbringung (vgl. [9], § 141 Abs. 2). Im offenen Vollzug wird auf einen Großteil der baulichen und technischen Sicherungsvorkehrungen, wie Umfassungsmauer, Fenstergitter und besonders gesicherte Türen, aber auch auf ständige und unmittelbare Aufsicht, verzichtet. Die Gefangenen können sich innerhalb der Anstalt relativ frei bewegen. Zur Fluchtverhinderung dürfen keine Schusswaffen durch das Justizvollzugspersonal eingesetzt werden (vgl. [11], S. 194). Die planungstechnischen Angaben dieses Buches beziehen sich schwerpunktmäßig auf Justizvollzugsanstalten des geschlossenen Vollzuges.

2.1.4 Strafvollzug – Vollzugsziel und Grundsätze

Der Strafvollzug dient zunächst dem Schutz der Allgemeinheit vor weiteren Straftaten durch die Gefangenen für die Dauer des Strafvollzugs. Ein weiteres wesentliches Vollzugsziel ist die Resozialisierung der Gefangenen. Diese sollen befähigt werden, künftig in sozialer Verantwortung ein Leben ohne Straftaten zu führen (vgl. [9], § 2). Das Leben der Gefangenen im Vollzug soll dabei zur wirkungsvollen Vorbereitung auf ein Leben in Freiheit den allgemeinen Lebensverhältnissen so weit als möglich angeglichen werden (vgl. [9], § 3). Dies betrifft hauptsächlich die Bedingungen der Unterbringung, der Beschäftigungsmöglichkeiten und der Freizeitmaßnahmen.

2.1.5 Struktur der Justizvollzugsbehörden

Gemäß § 151 Abs. 1 Strafvollzugsgesetz (StVollzG) führen die Landesjustizverwaltungen die Aufsicht über die Justizvollzugsanstalten. Die Landesjustizverwaltungen als oberste Vollzugsbehörden sind die jeweiligen Justizministerien der Länder. Überregional arbeiten die Justizminister und -senatoren in einer Justizministerkonferenz zusammen. Die Justizministerien der einzelnen Bundesländer wiederum legen nach § 152 StVollzG die örtliche und sachliche

Zuständigkeit der Justizvollzugsanstalten für den Vollzug von Untersuchungshaft, Freiheitsstrafe, Jugendstrafe, Jugendarrest, Strafarrest, Sicherungsverwahrung, Abschiebungshaft, der Ordnungs-, Sicherungs-, Zwangs- und Erziehungshaft, der Haft im Rahmen eines Auslieferungs- oder Durchlieferungsverfahrens, der Haft gegen Angeklagte bei unentschuldigtem Fernbleiben von der Hauptverhandlung, der Hauptverhandlungshaft gemäß § 127b Strafprozessordnung (StPO) und der Unterbringung nach § 275a Abs. 5 StPO in einem Vollstreckungsplan fest. Die Justizvollzugsanstalten sind den jeweiligen Justizministerien direkt unterstellt (vgl. [12], S. 204–205).

2.1.6 Einrichtungen des Maßregelvollzugs und Kliniken für Forensische Psychiatrie und Psychotherapie

Maßregelvollzug (im österreichischen Strafrecht als Maßnahmenvollzug bezeichnet) ist die Unterbringung von psychisch kranken oder suchtkranken Rechtsbrechern (mit Schuldunfähigkeit oder verminderter Schuldfähigkeit) unter freiheitsentziehenden Bedingungen. Die freiheitsentziehenden Maßregeln der Besserung und Sicherung müssen durch ein rechtskräftiges Urteil eines Gerichtes angeordnet werden. Die im Maßregelvollzug untergebrachten Personen werden im Gegensatz zu den Gefangenen in Justizvollzugsanstalten überwiegend als Patienten bezeichnet. Die Unterbringung im Maßregelvollzug regelt sich nach §§ 63, 64 Strafgesetzbuch (StGB) in Verbindung mit § 126a Strafprozessordnung (StPO):

- § 63 StGB Unterbringung in einem psychiatrischen Krankenhaus
- § 64 StGB Unterbringung in einer Entziehungsanstalt
- § 126 a StPO einstweilige Unterbringung

Dabei werden nach den Maßregelvollzugsgesetzen der Bundesländer mit der Unterbringung in den Einrichtungen des Maßregelvollzugs (in einem psychiatrischen Krankenhaus oder einer Entziehungsanstalt) folgende gesellschaftlichen Ziele verfolgt[3]:

- Befähigung der betroffenen Patienten durch Behandlung und Betreuung (Therapie), ein in der Gemeinschaft eingegliedertes Leben zu führen
- Sicherheit und der Schutz der Allgemeinheit und des Personals der Einrichtungen vor weiteren erheblichen rechtswidrigen Taten

3 Vgl. exemplarisch § 2 Abs. 1 „Einrichtungen“ Maßregelvollzugsgesetz – MRVG: vom 15. Juni 1999 (GV. NRW. S. 402) zuletzt geändert durch Artikel 7 des Gesetzes zur Regelung des Jugendstrafvollzugs und zur Änderung der Vollzugsgesetze in Nordrhein-Westfalen vom 07. April 2017 (GV. NRW., S. 483–554).

Die Umsetzung des Sicherheitsaspektes (Schutz der Allgemeinheit und des Personals der Einrichtungen vor weiteren erheblichen rechtswidrigen Taten) erfolgt durch bauliche und anlagentechnische Maßnahmen, die mit denen von Justizvollzugsanstalten vergleichbar sind. Dabei richtet sich der Grad der Sicherheitsmaßnahmen zum einen nach dem spezifischen Krankheitsbild und zum anderen nach dem Risikoprofil der Patienten (Fluchtgefahr, Gewaltbereitschaft, psychische Instabilität). [13]

Kliniken für Forensische Psychiatrie und Psychotherapie[4] sind zuständig für den Vollzug der Maßregel gemäß §§ 63, 64 Strafgesetzbuch (StGB) sowie für die vorläufige Unterbringung gemäß § 126a Strafprozessordnung (StPO). [14]

Abbildung 2: Klinik für Forensische Psychiatrie (Maßregelvollzug)

2.1.7 Sozialtherapeutische Anstalten

Sozialtherapeutische Einrichtungen dienen der Verringerung einer erheblichen Gefährlichkeit der Gefangenen.[5] „Gefangene sind in einer sozialtherapeutischen Abteilung unterzubringen, wenn ihre Teilnahme an den dortigen Behandlungsprogrammen zur Verringerung ihrer erheblichen Gefährlichkeit angezeigt ist. Eine erhebliche Gefährlichkeit liegt vor, wenn schwerwiegende

4 Die forensische Psychiatrie ist ein Teilgebiet der Psychiatrie. Die forensische Psychiatrie befasst sich mit der Begutachtung, der Unterbringung und der Behandlung von psychisch kranken Straftätern.

5 Vgl. beispielsweise § 17 Abs. 1 „Sozialtherapie“ Gesetz über den Vollzug der Freiheitsstrafe und des Strafarrests im Freistaat Sachsen (Sächsisches Strafvollzugsgesetz – SächsStVollzG) vom 16. Mai 2013.

Straftaten gegen Leib oder Leben, die persönliche Freiheit oder gegen die sexuelle Selbstbestimmung zu erwarten sind."[6]

Der Vollzug der Sozialtherapie erfolgt entweder in speziellen Sozialtherapeutischen Einrichtungen des Strafvollzugs oder in gesonderten Abteilungen des Regelstrafvollzugs.

2.1.8 Haftkrankenhäuser

Haftkrankenhäuser dienen der gesundheitlichen Versorgung von Straftätern unter Berücksichtigung der erforderlichen Sicherheitsaspekte. Dabei erfolgen die medizinische Diagnose, Behandlung und Versorgung kranker und hilfsbedürftiger Gefangener in einem Vollzugskrankenhaus und nur im Ausnahmefall auch außerhalb des Vollzugs in einem zivilen Krankenhaus. Haftkrankenhäuser befinden sich regelmäßig innerhalb des Geländes der jeweiligen Justizvollzugsanstalt.

Abbildung 3: Stationsflur eines Haftkrankenhauses (Beispielfoto)

2.1.9 Polizeigewahrsam

In Einrichtungen des Polizeigewahrsams (zum Beispiel Gewahrsamszellen innerhalb eines Polizeireviers) werden Personen in einer dem polizeilichen Zweck entsprechenden Weise verwahrt und bis auf Weiteres daran gehindert, sich nach ihrem freien Willen fortzubewegen. Der Polizeigewahrsam dient somit dem Zweck der Gefahrenabwehr. [15] Rechtsgrundlage für den Polizeigewahrsam bilden die Polizeigesetze der Bundesländer.

---

6 Vgl. beispielsweise § 17 Abs. 2 „Sozialtherapie" Gesetz über den Vollzug der Freiheitsstrafe und des Strafarrests im Freistaat Sachsen (Sächsisches Strafvollzugsgesetz – SächsStVollzG) vom 16. Mai 2013.

2.2 Zahlen und Statistik

Die nachfolgenden statistischen Eckdaten sollen einen Überblick über die in dieser Publikation bewerteten Gebäudekategorien vermitteln:

Justizvollzugsanstalten:

Deutschland: ca. 200 Einrichtungen mit ca. 44 588 Gefangenen [16]

Vergleich Österreich: 28 Justizanstalten mit ca. 8 523 Gefangenen [17]

Vergleich Schweiz: 92 Institutionen des Freiheitsentzuges mit ca. 6 316 Gefangenen [18]

Maßregelvollzug:

ca. 80 Einrichtungen mit ca. 13 000 Patienten [19]

Sozialtherapie:

ca. 71 Einrichtungen mit ca. 2 395 Haftplätzen [20]

Haftkrankenhäuser und Krankenabteilungen innerhalb von Justizvollzugsanstalten:

ca. 23 Einrichtungen [16]

2.3 Baugeschichtliche Aspekte

Bei den auf dem Gebiet der Bundesrepublik Deutschland vorhandenen historischen Justizvollzugsanstalten spielt insbesondere das sogenannte Pennsylvanische System (auch bezeichnet als „Strahlenplanschema") in brandschutztechnischer Hinsicht eine besondere Rolle. Vorbild für diesen Bautyp ist das Eastern State Penitentiary in Philadelphia, USA (Baujahr 1829, heute Museum). Gefängnisse nach dem Grundprinzip des Pennsylvanischen Systems wurden erstmalig 1842 in Europa (Pentonville, Vereinigtes Königreich Großbritannien und Nordirland) und im Jahr 1848 in Deutschland (JVA Bruchsal) errichtet. Diese beiden historischen Anstalten werden auch heute noch zum Zwecke des Justizvollzugs genutzt. Nach einer Kabinettsorder der preußischen Staatsverwaltung vom 26. März 1842 mussten sich alle Neuplanungen von Strafanstalten an dem Strahlenplanschema des Mustergefängnisses von Pentonville (Abbildung 4 und Abbildung 5) orientieren. [21]

Typische Vertreter des drei- oder viergeschossigen Strahlenplanes mit durchbrochenen Flurdecken sind in Deutschland beispielsweise die Justizvollzugsanstalten Düsseldorf, Herford, Kassel, Mannheim (Abbildung 6 und Abbildung 7), Münster, Straubing und Torgau. Circa 25 % aller aktiven Justizvollzugsanstalten

Abbildung 4: Zentralhalle des Eastern State Penitentiary um 1842

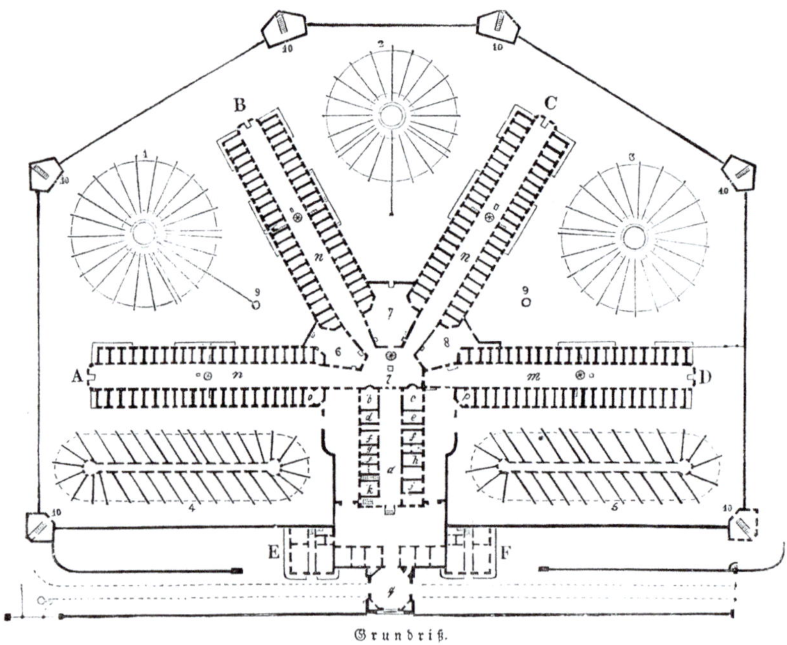

Abbildung 5: Grundriss des Eastern State Penitentiary um 1842

Abbildung 6: Zentralhalle der Justizvollzugsanstalt Mannheim um 1911

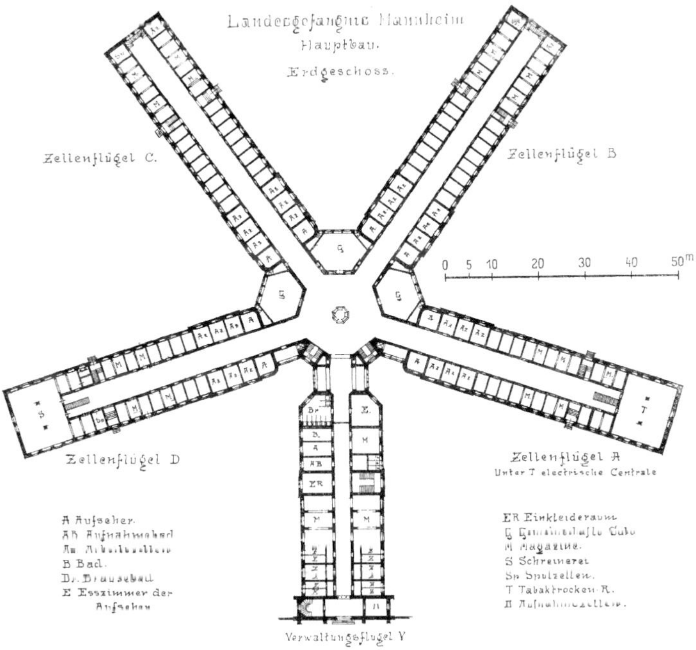

Abbildung 7: Grundriss der Justizvollzugsanstalt Mannheim um 1911

in Deutschland entsprechen diesem Bausystem bzw. davon abgewandelten Formen. Daher soll auf die mit dieser Bauform in brandschutztechnischer Hinsicht verbundenen Besonderheiten und Spezifikationen im Folgenden näher eingegangen werden.

Panoptische Bauweise

Die Erläuterung der panoptischen Bauweise an dieser Stelle ist wichtig zum Verständnis der weiteren Ausführungen. Das Grundprinzip eines Panopticons ist die Überwachung der Gefangenen von einem zentralen Punkt in der Mitte der Haftanlage aus. Der Grundansatz der panoptischen Überwachung der Gefangenen ist beim Pennsylvanischen System bzw. Strahlenplanschema übernommen worden. Die Gebäudeflügel der Hafthäuser laufen dabei kreuz- bzw. sternförmig (Bautyp Kreuzform) zusammen, wobei über eine Beobachtungskanzel im Zentrum des Kreuzungspunktes, der als „Zentralbau", „Zentralhalle" bzw. „Stern" bezeichnet wird (Abbildung 6 und Abbildung 7), die uneingeschränkte Blickrichtung zu Beobachtungs- und Kontrollzwecken in alle Zellentrakte in vertikaler und horizontaler Richtung ermöglicht wird (vgl. [22], S. 65–67).

Wesentliche Merkmale dieses Konstruktionsprinzips, deren Verständnis auch für die brandschutztechnische Beurteilung von entscheidender Bedeutung ist, stellen die durchbrochenen Geschossdecken im Bereich der Flure der Zellentrakte mit geschossweisen Umgängen, die als Rettungswege dienen, die Ausführung des Zentralbaus ohne Ausbildung von Geschossdecken sowie der dem Funktionsprinzip geschuldete Verzicht auf die Ausbildung von Brandabschnitten zwischen den Haftflügeln und dem Zentralbau dar. Kombinationen des Panopticons mit anderen Bauweisen wie dem Kreuzbau oder der Atriumbauweise sind möglich.

Die Justizvollzugsanstalten der panoptischen Bauweise (bzw. des Pennsylvanischen Systems) stellen einen typischen und repräsentativen Bautyp von Haftanstalten dar, der zwischen Mitte des 19. Jahrhunderts und den 30er-Jahren des 20. Jahrhunderts in Deutschland errichtet wurde. Die Vorteile der panoptischen Bauweise und deren Kombinationen mit anderen Mischformen liegen hauptsächlich in der Umsetzung optimaler Sicherheitsaspekte begründet (Beobachtung aller Hafttrakte über alle Geschossebenen von einem zentralen Punkt aus). Diese Bauform widerspricht jedoch erheblich den heutigen bauordnungsrechtlichen Anforderungen, insbesondere im Zusammenhang mit brandschutztechnischen Vorgaben. Die deutlichen Nachteile der Justizvollzugsanstalten des panoptischen Systems liegen in der Gefahr einer ungehinderten Rauchausbreitung im Brandfall aufgrund der offenen Geschossdecken im Bereich der Zellentrakte in Verbindung mit einer häufig anzutreffenden Überschreitung der zulässigen Brand- und Rauchabschnittslängen. Aus dieser besonderen Situation heraus müssen Maßnahmen zur Verhinderung der Brand- und Rauchausbreitung über den Brandentstehungsraum hinaus getroffen werden. Diese Aspekte müssen planungstechnisch bei zukünftigen sanierungs- und brandschutztechnischen Ertüchtigungsmaßnahmen, auch unter wirtschaftlichen Gesichtspunkten, beachtet werden. Für die Bewertung baulicher Besonderheiten, wie beispielsweise die Öffnungen in Geschossdecken der Justizvollzugsanstalten der panoptischen Bauweise, kann die ergänzende Anwendung von Ingenieurmethoden für Brandsimulationen, Entrauchungskonzepte und Evakuierungsberechnungen hilfreich und erforderlich sein (vgl. Abschnitt 5).

2.4 Aufbau und Funktionseinheiten einer Justizvollzugsanstalt

Eine Justizvollzugsanstalt des geschlossenen Vollzuges gliedert sich in folgende grundsätzliche Funktionseinheiten (Abbildung 8):

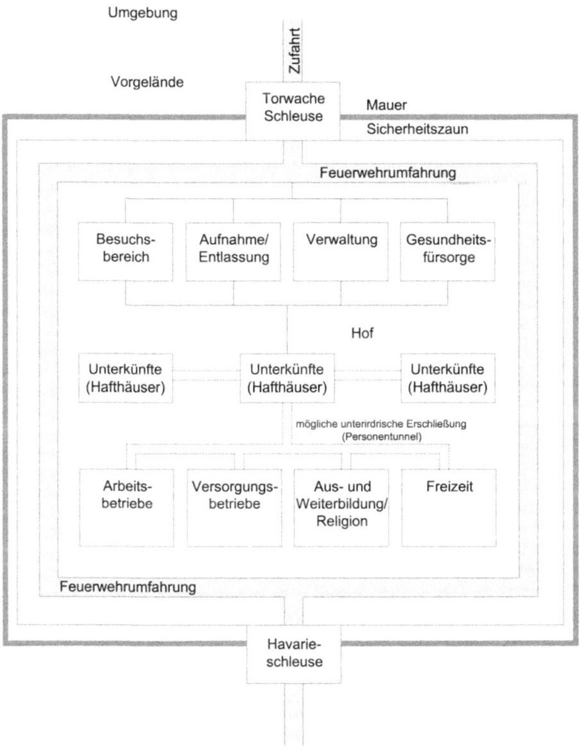

Abbildung 8: Schematischer Aufbau einer Justizvollzugsanstalt des geschlossenen Vollzuges[7]

7 Schematische Darstellung als Weiterentwicklung in Anlehnung an das Organigramm „6.4 Gesamtanlage 2“ (vgl. [23], S. 71).

2.4.1 Äußerer Sicherheitsbereich

Vorgelände

Über die installierte Sicherheitstechnik (z. B. Videoüberwachung und Beleuchtung) erfolgt eine Überwachung des direkt an den Zaun bzw. die Mauer angrenzenden Geländes. Bei der Gestaltung des Umfeldes ist auf ausreichende Abstandsflächen zur vorhandenen Umgebungsbebauung zu achten.

Zaun

Die Zaunanlage (Abbildung 9) bildet die Grenze zwischen Anstaltsgelände und dem Vorgelände bzw. der Umgebung. Wegen ihrer prinzipiellen Überwindbarkeit dient sie zusätzlich zur Installation der Alarm- und Sicherheitstechnik (Detektion über Bewegungsmelder, Thermosensoren, Alarmmelder usw.).

Anstaltsmauer

Anstalten des geschlossenen Vollzuges sind grundsätzlich durch Mauern (Abbildung 10), in der Regel aus Stahlbeton, mit einer Höhe von etwa 6 m gesichert.

Schleuse

Die Schleuse bildet die einzige Verbindung zwischen dem Vorgelände und dem Anstaltsinneren für Fahrzeuge (Fahrzeugschleuse) und Personen (Personenschleuse). Die Schleuse befindet sich in der Regel im Überwachungsbereich der Pforte bzw. Torwache. Die Fahrzeugschleuse regelt auch den koordinierten Zugang zum Anstaltsgelände für die Einsatzkräfte der Feuerwehr. Einige Justizvollzugsanstalten verfügen zusätzlich über eine weitere Schleuse für Notfälle, eine sogenannte Havarieschleuse.

Anstaltsgelände (Hof)

Der Hof stellt ein gesichertes Zwischengelände mit Videoüberwachung, Lichtschranken und Personalpatrouillen dar.

Pforte bzw. Torwache mit Sicherheitszentrale

Über die Pforte erfolgt die Abwicklung des Personen- und Fahrzeugverkehrs zwischen Außenbereich und Anstaltsgelände. In der Torwache ist die Sicherheitszentrale untergebracht. Hier laufen alle technischen Sicherheitssysteme auf eine zentrale Stelle zusammen, wie z. B. Alarmanlage, Hausalarm, Brandmeldeanlage, Wächterkontrollanlage, Funkanlage, Beleuchtungsanlage usw. Im brandschutztechnischen Sinne stellt die Torwache mit Sicherheitszentrale eine ständig besetzte Stelle („24/7") dar, in der auch durch die Brandmeldeanlage detektierte Brandereignisse signalisiert werden. In der Torwache sind

Abbildung 9: Zaunanlage als äußerer Sicherheitsbereich einer Justizvollzugsanstalt

Abbildung 10: Vorgelände und Anstaltsmauer

auch die Feuerwehrpläne und Feuerwehrlaufkarten hinterlegt. Die Torwache bzw. Sicherheitszentrale stellt im Falle eines Brandereignisses den ersten Anlaufpunkt für die Sicherheits-, Rettungs- und Einsatzkräfte dar. Aufgrund dieses Sicherheitsaspektes muss die Torwache besonders geschützt werden, insbesondere auch hinsichtlich brandschutztechnischer Belange.

2.4.2 Innerer Sicherheitsbereich

Unterkunftsgebäude (Hafthäuser)

Den inneren Sicherheitsbereich bilden die Hafthäuser, die wiederum in die einzelnen Hafträume (Zellen) untergliedert sind. Dem Sicherheitsaspekt wird über die Komponenten Bereichsabschluss, Zellengitter, Haftraumtür, vergitterte Zellenfenster und überwachte Gebäudefassaden entsprochen.

Haftraum

Es ist eine häufig anzutreffende Praxis, dass der Haftraum fälschlicherweise als eigener „Brandabschnitt“ bezeichnet wird. Der Haftraum wird gelegentlich auch als „Brandbekämpfungsabschnitt“ (vgl. [24], Pkt. 5.1) bzw. als „Unterbrandabschnitt“ [25] interpretiert. Ein Brandabschnitt im Sinne des Bauordnungsrechts muss den Brand auf einen definierten Abschnitt des Gebäudes begrenzen und wirksame Löscharbeiten ermöglichen können. Im Vergleich dazu soll die brandschutztechnische Schottung des einzelnen Haftraumes in Verbindung mit einer möglichst brandlastarmen Ausstattung (zum Beispiel durch die Verwendung schwerentflammbarer Matratzen und Vorhänge) das Brandereignis auf den betroffenen Haftraum begrenzen und die Beeinflussung des angrenzenden Rettungswegsystems sowie der benachbarten Hafträume durch Feuer und Rauch im Brandfall ausreichend lange behindern.

Diese Erörterung ist zum Verständnis des Rettungs- und Sicherheitskonzeptes einer Justizvollzugsanstalt notwendig.

Als Grundlage für die Bewertung des baulichen Brandschutzes muss zunächst eine Erläuterung der Strukturierung und des grundsätzlichen Aufbaus der Nutzungseinheiten in Justizvollzugsanstalten erfolgen. Bei der Beurteilung eines Unterkunftsgebäudes bzw. Hafthauses ist diese bauliche Anlage zunächst in Brandabschnitte nach Bauordnungsrecht zu unterteilen. Die Brandabschnitte wiederum sind in brandschutztechnisch getrennte Nutzungseinheiten zu gliedern, die aus einer Abfolge von mehreren Hafträumen, Dienstzimmern, Aufenthaltsräumen (z. B. Fernseh- bzw. Gemeinschaftsräumen), Küchen, Technik- und Sanitärräumen bestehen können. Als eigenständige Nutzungseinheit ist somit ausdrücklich nicht der einzelne Haftraum zu verstehen. Eine oder mehrere Nutzungseinheiten sind dann Bestandteil eines in sich abgeschlossenen Hafttraktes. Bei einer Bruttogrundfläche (BGF) von mehr als 200 m², die in der Praxis für Justizvollzugsanstalten gewöhnlich zutreffend ist, wären nach Bauordnungsrecht grundsätzlich notwendige Flure auszubilden.[8]

Abbildung 11 zeigt ein typisches Beispiel für einen im Bestand vorhandenen Haftflügel in der Bauweise des panoptischen Systems mit den charakteristischen Galeriesystemen mit Öffnungen in den Geschossdecken im Bereich der Flure.

Daraus lassen sich folgende brandschutztechnischen Defizite ableiten, die schwerpunktmäßig in einem Brandschutznachweis zu bewerten sind:

- Fehlende Ausbildung wirksamer Brandabschnitte
- Fehlender brandschutztechnischer Raumabschluss bei Geschossdecken
- Fehlende Ausbildung wirksamer Rauchabschnitte
- Fehlende Ausbildung notwendiger Treppenräume nach Bauordnungsrecht

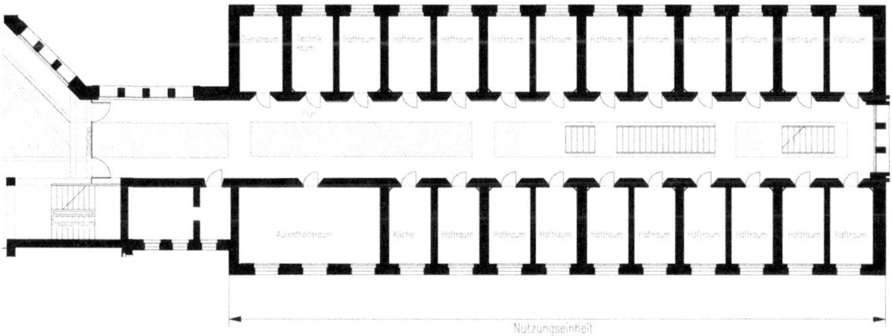

Abbildung 11: Typischer Haftflügel im Bestand, ohne Geschossdecken und ohne Ausbildung notwendiger Flure (panoptisches System)

Weitere typische Funktionseinheiten einer Justizvollzugsanstalt sind Verwaltung, Arbeitsbetriebe, Gesundheitsfürsorge, Ver- und Entsorgungsbetriebe, Freizeiteinrichtungen, Aus- und Weiterbildung und Religion. Da in allen diesen Funktionsbereichen eine regelmäßige Anwesenheit von Gefangenen nutzungsbedingt gegeben ist, gelten auch hier sämtliche sicherheitsrelevanten und brandschutztechnischen Belange wie in den Unterkunftsgebäuden bzw. Hafthäusern sinngemäß.

---

8 Die Erleichterung nach § 36 (1) Musterbauordnung (MBO), wonach die Ausbildung von notwendigen Fluren bei einer Büro oder Verwaltungsnutzung erst ab 400 m² erforderlich ist, gilt hier aufgrund der spezifischen Nutzungsart ausdrücklich nicht.

2.5 Gesetzliche Grundlagen

2.5.1 Allgemeine gesetzliche Grundlagen für den Strafvollzug

Die rechtliche Grundlage für den Strafvollzug in Deutschland bildet das „Gesetz über den Vollzug der Freiheitsstrafe und der freiheitsentziehenden Maßregeln der Besserung und Sicherung“ (Strafvollzugsgesetz – StVollzG) [9].

Gemäß StVollzG [9] lassen sich für die Planung und den Bau von Justizvollzugsanstalten zunächst u. a. folgende Anforderungen ableiten:

- „Das Leben im Vollzug soll den allgemeinen Lebensverhältnissen soweit als möglich angeglichen werden.“ (§ 3 Abs. 1 StVollzG)
- „Für den Vollzug der Freiheitsstrafe sind Haftplätze vorzusehen in verschiedenen Anstalten oder Abteilungen, in denen eine auf die unterschiedlichen Bedürfnisse der Gefangenen abgestimmte Behandlung gewährleistet ist.“ (§ 141 Abs. 1 StVollzG)
- „Justizvollzugsanstalten sind so zu gestalten, dass eine auf die Bedürfnisse des Einzelnen abgestellte Behandlung gewährleistet ist.“ (§ 143 Abs. 1 StVollzG)
- „Räume für den Aufenthalt während der Ruhe- und Freizeit sowie Gemeinschafts- und Besuchsräume sind wohnlich oder sonst ihrem Zweck entsprechend auszugestalten. Sie müssen hinreichend Luftinhalt haben und für eine gesunde Lebensführung ausreichend mit Heizung und Lüftung, Boden- und Fensterfläche ausgestattet sein.“ (§ 144 Abs. 1 StVollzG).

Detaillierte Hinweise für die bautechnische Planung von Justizvollzugsanstalten sind den gesetzlichen Vorgaben aus dem StVollzG [9] nicht zu entnehmen.

Das StVollzG stellt grundsätzlich ein Bundesgesetz dar. Im Zuge der Föderalismusreform und der damit verbundenen Übertragung der Gesetzgebungskompetenz vom Bund auf die Länder wird das Strafvollzugsgesetz des Bundes nach und nach durch die jeweiligen Landesgesetze ersetzt. Diese wurden bisher in Bayern, Baden-Württemberg, Hamburg und Niedersachsen eingeführt. Die Justizvollzugsanstalten sind den Justizressorts unterstellt, mit Ausnahme besonderer Haftformen, insbesondere des Maßregelvollzugs (Unterbringung in einem speziellen psychiatrischen Krankenhaus) [11], [12].

Die gesetzliche Regelung des Strafvollzugs tangieren weitere zahlreiche nationale und internationale Rechtsvorschriften (Auswahl):

- Grundgesetz für die Bundesrepublik Deutschland in der im Bundesgesetzblatt Teil III, Gliederungsnummer 100-1, veröffentlichten bereinigten Fassung, das zuletzt durch Artikel 1 u. 2 Satz 2 des Gesetzes vom 29. September 2020 (BGBl. I S. 2048) geändert worden ist

- Verfassungen der deutschen Bundesländer, z. B. Verfassung des Freistaates Sachsen vom 27. Mai 1992
- Europäische Menschenrechtskonvention (EMRK) (Konvention zum Schutze der Menschenrechte und Grundfreiheiten)
  - Art. 3 EMRK – Verbot der Folter oder unmenschlicher oder erniedrigender Strafe oder Behandlung
  - Art. 4 EMRK – Verbot der Zwangsarbeit
  - Art. 5 EMRK – Recht auf Freiheit und Sicherheit
  - Art. 6 EMRK – Recht auf ein faires Verfahren
  - Art. 7 EMRK – Keine Strafe ohne Gesetz

2.5.2 Spezifische gesetzliche Grundlagen für die (brandschutztechnische) Planung und den Bau von Justizvollzugsanstalten

Ein wesentlicher bei der Planung und beim Bau von Justizvollzugsanstalten zu berücksichtigender Aspekt ist die fehlende Kompetenzzuweisung der Verantwortlichkeiten seitens des Gesetzgebers. Somit sind beispielsweise neben den Justizministerien bzw. Innenministerien auch die Finanzministerien, Staatshochbauämter sowie freie Architekten und Fachplaner an der Planung beteiligt (vgl. [26], S. 151).

Aus dieser Situation heraus ergibt sich eine Vielzahl zu beachtender Gesetze, Verordnungen, Richtlinien und Empfehlungen (Auswahl):

Bauordnungsrecht – Musterbauordnung (MBO)

Grundsätzlich sind Justizvollzugsanstalten bauliche Anlagen, für deren planungstechnische Beurteilung die jeweiligen Landesbauordnungen der betreffenden Bundesländer anzuwenden sind. Um im Rahmen dieses Fachbuches möglichst allgemeingültige Aussagen treffen zu können, die sich nicht auf spezielle Bundesländer beziehen, wird nachfolgend auf die Musterbauordnung (MBO) [2] als Beurteilungsgrundlage zurückgegriffen. Justizvollzugsanstalten sind nach § 2 (4) Nr. 14 MBO als Sonderbauten (Justizvollzugsanstalten und bauliche Anlagen für den Maßregelvollzug) einzustufen. An Sonderbauten können gemäß § 51 MBO besondere Anforderungen gestellt oder Erleichterungen gestattet werden. Die Einordnung als Sonderbau kann auch zusätzlich durch weitere Kriterien erfüllt werden, beispielsweise für Justizvollzugsanstalten mit einer BGF von mehr als 1 600 m² Grundfläche des Geschosses mit der größten Ausdehnung gemäß § 2 (4) Nr. 3 MBO oder für Hochhäuser[9] gemäß § 2 (4) Nr. 1 MBO, wobei zusätzliche Sonderbauaspekte (z. B. Einstufung als Versammlungsstätte) zutreffend sein können. Nach § 2 (3) MBO erfolgt die Einordnung des Gebäudes in die jeweilige Gebäudeklasse entsprechend der vorhandenen bzw. geplanten Gebäudehöhe (Oberkante Fertigfußboden des obersten Geschosses) sowie nach der Größe der Nutzungseinheiten. Aufgrund der typischerweise bei Justizvollzugsanstalten anzutreffenden Gebäudegeometrie mit Nutzungseinheiten größer als 400 m² und Oberkante Fertigfußboden des höchstgelegenen Geschosses, in dem ein Aufenthaltsraum möglich ist, höher als 7 m über Geländeniveau wäre somit die Gebäudeklasse 5 (GK 5) maßgebend.

Bei Justizvollzugsanstalten handelt es sich aufgrund fehlender Sonderbauvorschriften (Verordnungen oder Richtlinien) um einen sogenannten nicht geregelten Sonderbau, dessen brandschutztechnische Beurteilung im Rahmen einer schutzzielorientierten Betrachtung als gesondertes Brandschutzkonzept erfolgt. Das Erfordernis zur Erstellung eines Brandschutzkonzeptes für Sonderbauten ergibt sich aus § 66 MBO in Verbindung mit den jeweiligen Durchführungsverordnungen oder Bauvorlagenverordnungen der Bundesländer. An den Konzeptersteller werden, in Abhängigkeit des Bundeslandes, zum Teil unterschiedliche Anforderungen an die fachliche Qualifikation auf dem Gebiet des Brandschutzes gestellt (Nachweisberechtigung zur Erstellung bautechnischer Nachweise – hier Brandschutznachweis).

Verfügbare Handlungsempfehlungen und Richtlinien

Hinsichtlich funktionaler Anforderungen für die Planung von Justizvollzugsanstalten stehen die bundeseinheitlichen „Empfehlungen für den Bau von Justizvollzugsanstalten, Arbeits- und Planungshilfen des Strafvollzugsausschusses der Länder, Stand September 2000“ zur Verfügung. Diese verstehen sich als Orientierungshilfe und wenden sich an die Bauverwaltungen sowie an Architekten und Ingenieure, die mit der Planung und der Errichtung von Justizvollzugsanstalten beauftragt sind. Erarbeitet wurden die Empfehlungen durch eine Arbeitsgruppe des Strafvollzugsausschusses der Länder in Zusammenarbeit mit den Landesbauverwaltungen. Inhalt dieser Empfehlungen sind beispielsweise allgemeine und organisatorische Aussagen zum Vollzug der Freiheitsstrafe, zum Raumbedarf und Raumprogramm, zur Sicherheit, zu Funktionsbereichen einer Justizvollzugsanstalt und zu Kostenstrukturen für die Planung von Baumaßnahmen. Die „Empfehlungen“ enthalten keine konkreten

9 Vgl. JVA Stuttgart-Stammheim, Bau 1 „RAF-Hochhaus“.

Angaben zum Brandschutz. Die „Empfehlungen für den Bau von Justizvollzugsanstalten“ können durch länderspezifische Vorgaben oder Änderungen ergänzt oder konkretisiert werden, wie beispielsweise im Freistaat Sachsen durch die „Baurichtlinie für den sächsischen Justizvollzugsbau“. [27]

Lediglich für einzelne Bundesländer bzw. in eingeschränktem Umfang für andere europäische Staaten sind Handlungsempfehlungen bzw. Richtlinien für den Bau von Justizvollzugsanstalten verfügbar, die auch spezielle Aussagen zum Brandschutz beinhalten (Auswahl, ohne Anspruch auf Vollständigkeit):

- Freistaat Bayern: Oberste Baubehörde im Bayerischen Staatsministerium des Innern, Empfehlungen für den Bau von Justizvollzugsanstalten, Interministerielle Arbeitsgruppe für Justizvollzugsbauten, Stand 2009 (derzeit erfolgt eine Aktualisierung), mit Abschnitt 14 – Brandschutz [28]
- Nordrhein-Westfalen: Empfehlungen zum Brandschutz beim Bau und Betrieb von Justizvollzugsanstalten des geschlossenen Vollzuges in NRW, Arbeitspapier einer gemeinsamen Projektgruppe des Bau- und Liegenschaftsbetriebes NRW und der Justizvollzugsverwaltung, Stand Dezember 2007, Fassung 01/2009 [24] (vollständige Textfassung siehe Anhang 7.1)
- Schweiz: Handbuch für Bauten des Straf- und Maßnahmenvollzuges, Einrichtungen Erwachsene, Bundesamt für Justiz BJ Direktionsbereich Strafrecht Fachbereich Straf- und Maßnahmenvollzug, 3003 Bern (Schweiz), Stand 26. September 2016 [29]
- Schweiz: Handbuch Bauten Erziehungseinrichtungen – Handbuch für Bauten des Straf- und Maßnahmenvollzugs, Einrichtungen Kinder, Jugendliche und junge Erwachsene, Stand 1. Februar 2018 [30]
- Österreich: Technische Richtlinien vorbeugender Brandschutz: „TRVB 160 N 11 (Ausgabe 2011) Justizanstalten – baulicher und technischer Brandschutz“ [25]

Während in einem Großteil der Bundesländer keine Handlungsempfehlungen mit Schwerpunkt Brandschutz verfügbar sind, bieten die „Empfehlungen für den Bau von Justizvollzugsanstalten“ des Freistaates Bayern [28] sowie die „Empfehlungen zum Brandschutz beim Bau und Betrieb von Justizvollzugsanstalten des geschlossenen Vollzuges in NRW“ [24] aussagekräftige Planungsgrundlagen für die brandschutztechnische Bewertung von Justizvollzugsanstalten, die auch für eine Beurteilung im Bestand anwendbar sind. Auch wenn diese Handlungsempfehlungen keinen rechtsverbindlichen Charakter im Sinne einer durch Rechtsverordnung erlassenen Vorschrift besitzen, spiegeln die Planungsinhalte beider Unterlagen aus Sicht des Autors den aktuellen Stand der Technik für die Brandschutzplanung von Justizvollzugsanstalten wider. Im Abschnitt 4.3 *Baulicher Brandschutz* finden die Vorgaben entsprechende Berücksichtigung. Empfehlenswert ist auch die Einbeziehung der Planungshinweise der aktuellen österreichischen Technischen Richtlinien vorbeugender Brandschutz „Justizanstalten – baulicher und technischer Brandschutz“. [25]

Ein Problem stellt die Einstufung der „Empfehlungen für den Bau von Justizvollzugsanstalten des Freistaates Bayern“ als Verschlusssache nach der „Allgemeinen Verwaltungsvorschrift zum materiellen Geheimschutz (Verschlusssachenanweisung für die Behörden des Freistaates Bayern (VSA))“ vom 10. August 2018 [31] mit dem Geheimhaltungsgrad „VS – NUR FÜR DEN DIENSTGEBRAUCH (VS-NfD)“ dar. Das Dokument ist somit weder für Baubehörden noch Brandschutzfachplaner zugänglich, die nicht unmittelbar an einem konkreten Projekt im Planungsprozess einer Justizvollzugsanstalt beteiligt sind. Da auf eine grundsätzliche Verwendung der „Empfehlungen“ im Rahmen einer Publikation zum Thema Brandschutz in Justizvollzugsanstalten unter Berücksichtigung der ohnehin sehr begrenzt vorhandenen Fachliteratur als wichtige fachliche Quelle nicht verzichtet werden kann, wird seitens des Verfassers folgende Verfahrensweise gewählt, um nicht gegen den Geheimhaltungsgrundsatz zu verstoßen:

- keine Wiedergabe sicherheitsrelevanter Inhalte
- ausschließliche Verwendung des Fachkapitels *Brandschutz*
- Verzicht auf Wiedergabe wörtlicher Textpassagen sowie von Planungsdetails
- Verzicht auf Wiedergabe von Planungsdarstellungen und sonstigen grafischen Darstellungen

2.5.3 Bauordnungsrechtliche Grundlagen für Maßregelvollzug, Sozialtherapie und Haftkrankenhäuser

Für die Bewertung der Sonderbautatbestände „Krankenhaus“ sowie für Einrichtungen des Maßregelvollzugs und der Sozialtherapie existieren im Geltungsbereich der Musterbauordnung (MBO) [2] keine spezifischen Sonderbauvorschriften. Somit handelt es sich bei den vorgenannten Gebäudekategorien um sogenannte **ungeregelte Sonderbauten**.

Zur Bewertung der nutzungsspezifischen Risiken von Sonderbauten sowie deren baulicher und anlagentechnischer Berücksichtigung ist es aus ingenieursmäßiger Sicht zulässig, Handlungsempfehlungen und Richtlinien zu nutzen, welche außerhalb des Geltungsbereiches der Musterbauordnung (MBO) bzw. der jeweiligen Landesbauordnungen liegen. Insoweit kann orientierend exemplarisch auf die folgenden Hinweise, Richtlinien und Empfehlungen zurückgegriffen werden (Auswahl des Autors).

- Hinweise des Wirtschaftsministeriums Baden-Württemberg über den baulichen Brandschutz in Krankenhäusern und baulichen Anlagen entsprechender Zweckbestimmung vom 26. April 2007 – Az.: 5-2615.5/25 [32] – im Anhang 7.2 der Publikation abgedruckt
- Handlungsempfehlungen zum Vorbeugenden Brandschutz für den Bau und Betrieb von Gruppeneinheiten für die Gruppenbetreuung in Altenpflegeheimen (HE-Gruppenbetreuung) – Stand Dezember 2011 (Hessisches Ministerium für Wirtschaft, Energie, Verkehr und Landesentwicklung) [33]
- Richtlinie über bauaufsichtliche Anforderungen an den Bau und Betrieb von Einrichtungen mit Pflege- und Betreuungsleistungen, RdErl. d. Ministeriums für Wirtschaft, Energie, Bauen, Wohnen und Verkehr – X.1 – 141.01 – v. 17.3.2011 [34]
- Handlungsempfehlungen zum Vorbeugenden Brandschutz für den Bau und Betrieb von vollstationären Pflegeeinrichtungen der 4. Generation in Mecklenburg-Vorpommern, Stand: Juli 2009 [35]
- BbgKPBauV – Brandenburgische Krankenhaus- und Pflegeheim-Bauverordnung, Verordnung über bauaufsichtliche Anforderungen an Krankenhäuser und Pflegeheime im Land Brandenburg – Brandenburg – vom 21. Februar 2003, zuletzt geändert am 19. Dezember 2006 [36]

Die vorgenannten exemplarisch angeführten Hinweise, Richtlinien und Empfehlungen bzw. Verordnungen bilden ein Schutzkonzept für den Brandschutz bei der Bewertung von (Haft-)Krankenhäusern, baulichen Anlagen entsprechender Zweckbestimmung (z. B. Einrichtungen des Maßregelvollzugs und der Sozialtherapie) und Funktionsbereichen entsprechender Zweckbestimmung anderer baulicher Anlagen.

Die Gliederung der Stationen in Einrichtungen der Sozialtherapie sowie des Maßregelvollzugs erfolgt in der Regel für 8 bis 12 Gefangene in Großraumbereiche mit Wohnformcharakter (vgl. [37]) in Anlehnung an Pflegeeinrichtungen der sogenannten 4. Generation. Dabei handelt es sich um Gruppenwohnbereiche für bis zu 12 Gefangene bzw. Patienten mit einer Bruttogeschossfläche von maximal ca. 500 m², die als eine Teilnutzungseinheit zu verstehen sind. Innerhalb dieser mit Wohngruppencharakter ausgebildeten Teilnutzungseinheiten soll auf die Ausbildung notwendiger Flure nach § 36 MBO verzichtet werden.

Aufgrund der Nutzung als Sozialtherapie bzw. Maßregelvollzug mit der konzeptionellen Ausbildung von „Wohngruppen“ mit jeweils maximal ca. 12 Haft- bzw. Patientenplätzen und integrierter sozialtherapeutischer und psychologischer Betreuung ist eine vergleichbare Nutzung gegeben, die die orientierende Anwendung der angeführten Hinweise, Richtlinien und Empfehlungen grundsätzlich zulässt.

Diese Verfahrensweise ist mit der zuständigen Bauaufsicht bzw. dem Prüfingenieur/Prüfsachverständigen für Brandschutz abzustimmen.

PRAXISTIPP

Aus Sicht des Autors stellen sich die „Hinweise des Wirtschaftsministeriums Baden-Württemberg über den baulichen Brandschutz in Krankenhäusern und baulichen Anlagen entsprechender Zweckbestimmung vom 26. April 2007 – Az.: 5-2615.5/25“ [32] besonders praxistauglich und flexibel dar zur Umsetzung der brandschutztechnischen Anforderungen für die Gebäudekategorien (Haft-)Krankenhäuser, bauliche Anlagen entsprechender Zweckbestimmung (Einrichtungen des Maßregelvollzugs und der Sozialtherapie). Ein vollständiger Abdruck der aktuellen Fassung ist im Anhang 7.2 der Publikation wiedergegeben.

3 Brandschutztechnische Sicherheitsbetrachtung

3.1 Gefahrendefinition

Die Brandgefahr stellt die Wahrscheinlichkeit dar, dass ein Brand entstehen und sich zu einem Schadfeuer entwickeln kann. Eine verlässliche Gefahrenbewertung ist immer auf der Grundlage einer umfassenden Bestandsaufnahme vor Ort durchzuführen. Hierbei sollten folgende Parameter untersucht und bewertet werden (vgl. [38], S. 15):

- die Gefahr der Brandentstehung aus Nutzung und durch Nutzer
- die Gefahr der Brandentstehung aus vorhandenen Zündquellen
- die Größe der Brandlast
- die Gefahr der Brand- und Rauchausbreitung

Voraussetzung für eine Brandentstehung ist grundsätzlich das gleichzeitige Vorhandensein

- einer Zündquelle,
- des Brandstoffes (brennbares Material) und
- des Oxidationsmittels (Sauerstoff).

Die Brandentstehungsrisiken ergeben sich für ein typisches Unterkunftsgebäude einer Justizvollzugsanstalt im Wesentlichen durch

- ein mögliches Fehlverhalten von Personal oder Besuchern, aber auch durch bewusste Brandstiftung und Manipulation,
- mögliche technische Defekte (z. B. Kurzschlüsse),
- die nicht vorschriftsgemäße Nutzung technischer Geräte,
- die unsachgemäße Installation und Wartung technischer Anlagen und elektrischer Geräte,
- brandgefährliche Arbeiten (z. B. in den Werkstätten und Arbeitsbetrieben),
- äußere Einflüsse (z. B. Blitzschlag).

3.2 Allgemeine Gefahrenanalyse

Die Belegungsdichte in einer Justizvollzugsanstalt ist annähernd vergleichbar mit der eines Krankenhauses, wobei die Brandentstehungsgefahren für die Hafträume insgesamt, wenn man zunächst den Tatbestand der möglichen

Brandstiftung unberücksichtigt lässt, vergleichbar sind mit der Nutzungsart „Wohnen“. Aufgrund der hohen Sicherheitsreserven aus der massiven Bauweise sowie der nutzungsbedingt vorhandenen kleinteiligen Zellenstruktur ist die Gefahr einer flächenmäßigen Brandausbreitung als gering einzuschätzen. Die Brandlasten in den Hafträumen sowie die Installationsdichte der Technischen Gebäudeausrüstung sind im Vergleich zu einer wohnähnlichen Nutzung vergleichsweise niedrig. [24] Die Brandlasten in den Hafträumen werden hauptsächlich durch die Einrichtungsgegenstände (Mobiliar, Fernseher usw.) gebildet. Zunehmend kommen bei der Ausstattung von Hafträumen schwerentflammbare Materialien für Matratzen und Vorhänge zum Einsatz (Abbildungen 12 bis 15).

Abbildung 12: Übliche Ausstattung eines Haftraumes (Polizeigewahrsam) mit im Wesentlichen nichtbrennbaren Materialien

Abbildung 13: Grundausstattung eines unbewohnten Haftraumes des geschlossenen Vollzuges

Abbildung 14: Übliche Ausstattung eines bewohnten Haftraumes des geschlossenen Vollzuges

Abbildung 15: Ausstattung eines Haftraumes mit Matratze und Gardine aus schwerentflammbaren Materialien

Eine Umfrage in Justizvollzugsanstalten des Bundeslandes Nordrhein-Westfalen über einen Zeitraum von 5 Jahren hat ergeben, dass etwa 44 % aller Brände direkt in einem Haftraum, etwa 38 % in Arbeitsbetrieben und etwa 18 % in Hafthäusern allgemein entstehen. Das Schadensausmaß war dabei bei etwa 34 % der Brände sehr gering und bei etwa 8 % der Brandereignisse als sehr hoch zu bezeichnen. Als Brandursache wurde bei etwa 47 % aller ausgewerteten Brände Brandstiftung, bei etwa 29 % der Brände ein technischer Defekt und bei etwa 20 % der Brände Fahrlässigkeit ermittelt. Bei ungefähr 4 % der Brandereignisse konnte die Ursache nicht aufgeklärt werden. Die überwiegende Zahl der Brände (etwa 86 %) wurde durch die Bediensteten und ungefähr 14 % durch eine automatische Brandmeldeanlage detektiert (vgl. [24], Pkt. 2.3).

Daraus schlussfolgernd lässt sich feststellen, dass dem organisatorischen Brandschutz in Justizvollzugsanstalten eine wesentliche Bedeutung zuzuordnen ist. Gerade darin bestehen erfahrungsgemäß auch die Stärken im Vergleich zu anderen Nutzungsarten. Durch die ständige Präsenz des ortskundigen und geschulten Dienstpersonals im 24-Stunden-Schichtsystem („24/7") können Brandereignisse frühzeitig erkannt und entsprechende Maßnahmen sofort eingeleitet werden. Im Gefahrenfall verfügt das Personal über genaue Kenntnisse hinsichtlich der Namen, der Aufenthaltsorte sowie der tatsächlichen Anzahl der sich im Gebäude aufhaltenden Personen.

Für eine qualifizierte Gefahrenanalyse ist das Verständnis für den Ablauf eines typischen Haftraumbrandes von entscheidender Bedeutung. Demnach kann von folgendem Szenario ausgegangen werden (vgl. [24], Pkt. 3.2):

1) Brandereignis in einem Haftraum. Der Alarm wird durch Personal, Mitgefangene oder die Brandmeldeanlage ausgelöst. Es wird unterstellt, dass ein Brandgeschehen nicht über einen längeren Zeitraum unbemerkt bleiben kann.

2) Der Alarm läuft auf eine ständig besetzte Stelle (z. B. Pforte oder Sicherheitszentrale) auf. Es wird ein „stiller Alarm" ausgelöst, um Unruhe und Panik bei den anderen Gefangenen zu vermeiden. Entscheidungen zu Maßnahmen der Gefahrenerkennung, Rettung des oder der unmittelbar Betroffenen und ggf. erste Brandbekämpfungsmaßnahmen werden eingeleitet.

3) Das Personal nimmt eine erste Beurteilung der Gefahrenlage und erste Rettungs- und Löscharbeiten vor. Die Feuerwehr wird durch die Sicherheitszentrale alarmiert.

4) Die Tür zum Brandraum bleibt verschlossen, um Raucheintrag in die Flure zu vermeiden, mit Ausnahme der Dauer der Rettungs- und Löscharbeiten.

5) Die Türen zu anderen Hafträumen bleiben geschlossen, die Gefangenen verbleiben zunächst in ihren Räumen. Mindestens dichtschließende (in Abhängigkeit des brandschutztechnischen Gesamtkonzeptes) Haftraumtüren vorausgesetzt, besteht kaum Gefahr des Raucheintrages in die Hafträume. Im Brandfall muss organisatorisch sichergestellt sein, dass die Tür zu einem brennenden Raum (z. B. Küche im Zellentrakt) unverzüglich geschlossen wird.

6) Bei erfolglosem Verlauf der Erstbrandbekämpfung ist die Tür zum Brandraum bis zum Eintreffen der Feuerwehr wieder zu schließen, die dann gezielte Löscharbeiten durchführt.

7) Zur Gewährleistung eines ungehinderten Löschangriffs sowie der Rettungsarbeiten durch die Feuerwehr müssen Flure spätestens mit dem Eintreffen der Feuerwehr über technische Einrichtungen (Fensteröffnungen, Rauchabzüge usw.) wirksam entraucht werden können.

8) Eine Evakuierung des betroffenen Bereiches (Nutzungseinheit, Haftflügel) erfolgt je nach Gefahrenlage durch die Feuerwehr. Einzelheiten zur Evakuierung sind in der Brandschutzordnung bzw. im Sicherheitskonzept zu regeln.

Dieses Szenario gilt in der Umsetzung des Sicherheitskonzeptes sowohl für die Tages- als auch für die Nachtzeit. Für die Tageszeit (während der Dauer der Aufschlusszeit bewegen sich die Gefangenen auch auf den Fluren außerhalb ihrer Hafträume) ist zu beachten, dass im Brandfall die Tür des Brandraumes sowie alle anderen Haftraumtüren möglichst schnell geschlossen werden, um eine Raucheinwirkung in nicht betroffene Bereiche zu verhindern.

In Auswertung des in den „Handlungsempfehlungen von NRW“ beschriebenen Ablaufs eines Brandereignisses ist ergänzend festzustellen, dass die konkrete Festlegung und Koordinierung der Abläufe der Personenrettung und der Erstbrandbekämpfung immer auf der Grundlage einer Beurteilung des spezifischen Einzelfalls erfolgen müssen. Die Aussagen in den „Handlungsempfehlungen von NRW“ hinsichtlich des Verbleibs der Gefangenen in den Hafträumen im Falle eines Brandereignisses stützen sich zum einen auf das Erfordernis der konsequenten Umsetzung der JVA-spezifischen Schutzziele (Gewährleistung der Ausbruchsicherheit), auch im Brandfall, und zum anderen auf die Annahme, dass aufgrund der vorhandenen brandschutztechnischen Bauteilqualitäten die ausreichende Sicherheit für die Gefangenen in den Hafträumen unterstellt werden kann, zumindest für die Dauer der Erstbrandbekämpfung. In qualifizierten Brandschutzkonzepten ist das Gesamtsystem Brandschutz so auszulegen, dass der sichere Verbleib der Personen im Gebäude bzw. in den Hafträumen möglichst lange gewährleistet ist. In Anlehnung an [25] kann von einem mehrstufigen Rettungs- und Evakuierungskonzept ausgegangen werden:

Stufe 1: Verbleib der Gefangenen in den Hafträumen (ausgenommen Brandraum)

Stufe 2: Horizontale Evakuierung in angrenzende Rauch- oder Brandabschnitte

Stufe 3: Vertikale Evakuierung in andere Geschosse

Stufe 4: Evakuierung ins Freie (gesicherte Innenhofbereiche).

Von entscheidender Bedeutung hinsichtlich der ablaufspezifischen Verfahrensweise im Brandfall ist auch die genaue Kenntnis des Sicherheitspersonals der Justizvollzugsanstalt über den vorhandenen Gebäudeaufbau und die zur Verfügung stehende brandschutztechnische Infrastruktur. Als zwingende Voraussetzung für einen Verbleib der Gefangenen in ihren Unterkunftsräumen für die Dauer der Erstbrandbekämpfung ist auf das Vorhandensein mindestens dichtschließender Haftraumtüren (bei panoptischen Systemen T 30-RS/EI_2 30-S_{200}C) hinzuweisen (vgl. Abschnitt 4.3.7).

Ein weiteres Kriterium für eine verlässliche Gefahreneinschätzung ist auch die Frage, ob sich die Gefangenen zum Zeitpunkt der Alarmierung des Personals in ihren Räumen aufhalten oder im Rahmen der Aufschlusszeiten gerade im Bereich der Hafttrakte („Stationen“) frei bewegen dürfen. Hierbei ist auch zu beachten, dass das im Brandfall mit dem Einschluss der Gefangenen beschäftigte Personal nicht zeitnah für eine Erstbrandbekämpfung freigesetzt werden kann. Dabei sind auch mögliche Panikreaktionen der Gefangenen organisatorisch zu berücksichtigen.

Eine Rolle spielen auch die im Bestand vorhandenen baulichen Voraussetzungen hinsichtlich der Fragestellung, ob notwendige Flure nach Bauordnungsrecht wirksam ausgebildet sind oder ob es sich um ein Haftgebäude der panoptischen Bauweise handelt. Bei den Haftanstalten des panoptischen Bausystems besteht im Brandfall die Gefahr der Verrauchung aller Ebenen des vom Brand betroffenen Haftflügels. Eine Benutzbarkeit der Umgänge als Rettungswege wäre dann nicht oder nur eingeschränkt möglich. Im Falle eines Brandereignisses sind die ablauftechnischen Entscheidungen durch das Vollzugspersonal daher immer auf der Grundlage einer qualifizierten fachlichen Lagebeurteilung unter Berücksichtigung folgender Komponenten zu treffen:

- Umgehende Entfluchtung der unmittelbar gefährdeten Personen aus dem Brandraum und den angrenzenden Bereichen in sichere Abschnitte (betrifft Gefangene, Personal und Mitarbeiter von Fremdfirmen) veranlassen.
- Gefangene, die nicht unmittelbar vom Brandereignis betroffen sind, sind einzuschließen, möglichst in sicheren Bereichen; dadurch Freisetzen des Personals für gezielte Erstbrandbekämpfung.
- Qualität des Brandes (Entstehungsbrand oder fortgeschrittener entwickelter Brand oder Vollbrand).
- Analyse der zur Verfügung stehenden Rettungswege (In welche sicheren Abschnitte kann entfluchtet werden, z. B. Freistundenhöfe oder andere Brandabschnitte?).
- Welche baulichen Besonderheiten (Problem Entrauchung) sind zu beachten (notwendige Flure vorhanden oder panoptische Bauweise)?
- Mit Eintreffen der Feuerwehr sind die Einsatzkräfte in die Entscheidung des Ablaufes der Personenrettung einzubinden.
- Falls Erstbrandbekämpfung nicht gelingt, ist festzulegen, ob Flurabschnitt, gesamtes Geschoss oder gesamtes Haftgebäude evakuiert wird.

Gefährdungsbeurteilung mittels Brandsimulation

Die Brandentstehungsrisiken lassen sich in Justizvollzugsanstalten zwar insgesamt minimieren, aber nicht gänzlich ausschalten. Kommt es zu einem Brand, besteht die Gefahr einer unkontrollierten Ausbreitung von Feuer und Rauch, wenn nicht angemessene und ausreichende Vorkehrungen getroffen sind. Die Abbildungen 16 bis 18 zeigen die Ergebnisse der Brandsimulation eines typischen Hafttraktes der panoptischen Bauweise als Galeriesystem mit Öffnungen in den Geschossdecken. [39] Hierbei wurde ein Brand infolge Manipulation oder Selbsttötungsabsicht eines Gefangenen in einem Haftraum im Erdgeschoss (dargestellt als rotes Quadrat im Gebäudemodell, Abbildung 16) unterstellt. Simuliert wurde der Abbrand einer herkömmlichen Matratze (im konkreten Fall keine Verwendung von schwerentflammbaren Baustoffen) bei geöffneter Haftraumtür. Das Gebäudemodell (Abbildung 16) entspricht mit vier Vollgeschossen und einer Gebäudehöhe von 14 m dabei einem typischen Hafthaus der panoptischen Bauweise mit durchbrochenen Geschossdecken im Bereich der Flure.

Weitere Eingangswerte und Kenndaten der Simulation:

- Die Tür des Brandraumes im Erdgeschoss ist geöffnet.
- Die Tür eines Haftraumes über dem Brandraum im 1. Obergeschoss ist ebenfalls geöffnet.
- Alle anderen Haftraumtüren sind geschlossen.
- Im Dach befinden sich drei Entrauchungsöffnungen mit einer Größe von jeweils 1 m^2 (im Gebäudemodell grün dargestellt).
- Als Nachströmöffnungen dienen die seitlichen Türen in den Giebelwänden (im Gebäudemodell hellgrün dargestellt).
- Die Rauch- und Wärmeabzugsgeräte im Dach öffnen zwei Minuten nach Brandbeginn.
- Die optische Rauchdichte D (m^{-1}) wird zwei, drei und vier Minuten nach Brandausbruch simuliert (Abbildung 17).

Der Simulation lagen folgende Grenzwerte (vgl. [40]) für eine erfolgreiche Selbstrettung von Personen zugrunde:

- optische Rauchdichte $< 0{,}2\ m^{-1}$
- CO-Konzentration < 500 ppm
- Lufttemperatur < 60 °C

Abbildung 16: Gebäudemodell des simulierten Zellentraktes [39]

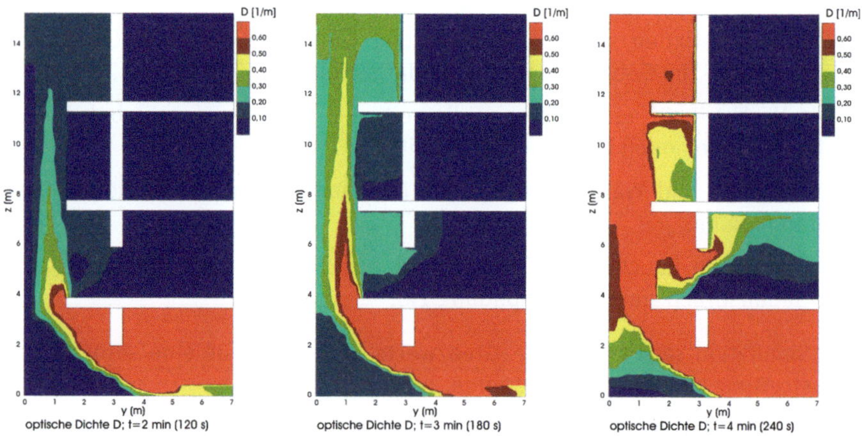

Abbildung 17: Optische Rauchdichte zwei, drei und vier Minuten nach Brandausbruch (von links nach rechts)

Ziel der Brandsimulation war die Beurteilung der Auswirkungen eines Brandes hinsichtlich der Rauchausbreitung sowie der Wirksamkeit der natürlichen Rauch- und Wärmeabzugsanlagen. Das simulierte Gebäudemodell spiegelt sehr deutlich das Problem der in offener Verbindung stehenden Geschosse wider, da durch die Bauweise der offenen Galeriesysteme mit Umgängen (die gleichzeitig als Rettungswege dienen) die ungehinderte Rauchausbreitung besonders begünstigt wird. Es ist einzuschätzen, dass die Möglichkeit der Brandstiftung durch Gefangene während der Aufschlusszeiten mit einem erhöhten Risiko behaftet ist. Dies trifft prinzipiell auch für eine mögliche Manipulation der Elektrogeräte (z. B. Elektroherd) in den im Bereich der Zellentrakte gelegenen und für Gefangene zugänglichen Küchen zu. Bei Fehlen einer Brandmeldeanlage kann ein mögliches Brandereignis ausschließlich durch das Justizvollzugspersonal oder durch Mitgefangene detektiert werden. Während der Aufschlusszeiten ist die Gefahr der Ausbreitung von Feuer und Rauch aufgrund offenstehender Haftraum- oder Küchentüren innerhalb der Hafttrakte grundsätzlich gegeben, zumal in bestehenden Anstalten die Türen zu Hafträumen oder Küchen teilweise nicht einmal die bauordnungsrechtliche Mindestanforderung *dichtschließend* erfüllen. Die Brandsimulation spiegelt daher ein durchaus wahrscheinliches Brandszenario wider. Der Abbildung 17 kann die optische Rauchdichte zwei Minuten, drei Minuten und vier Minuten nach Brandausbruch entnommen werden.

Etwa drei Minuten nach Brandausbruch beginnt der Raucheintrag in den Haftraum im 1. Obergeschoss bei geöffneter Haftraumtür. Die Grenzwerte der optischen Rauchdichte (0,2 m^{-1}) im Bereich des Rettungsweges des 3. Obergeschosses sind zu diesem Zeitpunkt bereits überschritten. Vier Minuten nach Brandausbruch ist der Hafttrakt nahezu vollständig verraucht, wobei eine Selbstrettung nicht mehr möglich ist. Von entscheidender Bedeutung ist in diesem Zusammenhang die Verhinderung der Brandausbreitung außerhalb des Haftraumes. Dies ist insbesondere durch die Freihaltung von Brandlasten (z. B. Mülltonnen) im Bereich der Umgänge sicherzustellen.

Die grafischen Darstellungen der Simulationsergebnisse der Gastemperatur vier Minuten nach Brandausbruch und der CO-Konzentration fünf Minuten nach Brandausbruch (Abbildung 18) zeigen, dass die Grenzwerte hauptsächlich im Bereich des Erdgeschosses überschritten werden. Den Ergebnissen der Brandsimulation lässt sich entnehmen, dass die Gefangenen zum einen im Falle eines Brandereignisses unter schutzzielorientierter Betrachtungsweise zunächst in den Hafträumen verbleiben sollten und dass der brandschutztechnischen Qualität der Haftraumtüren zum anderen eine entscheidende Bedeutung zukommt, da sie aus Sicht des Brandschutzes das schwächste Bauteil im System Haftraum

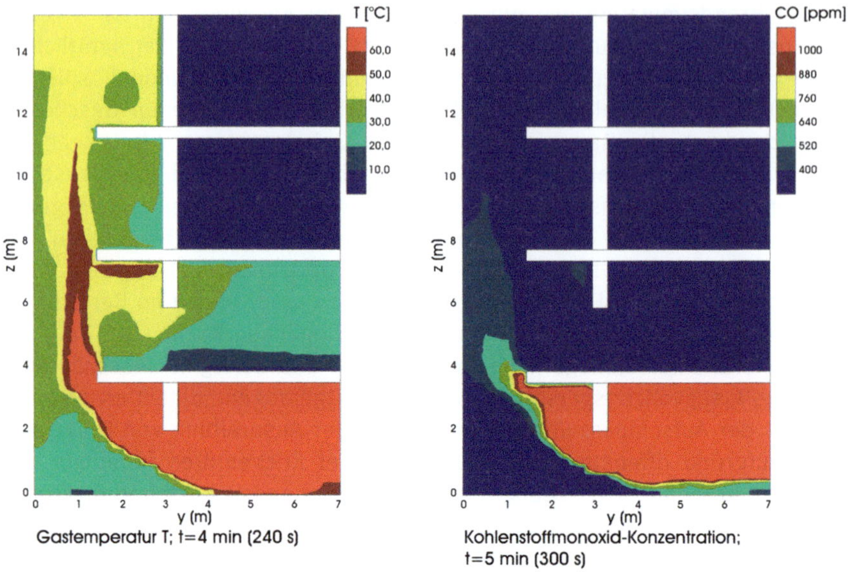

Abbildung 18: Gastemperatur vier Minuten nach Brandausbruch (links); CO-Konzentration fünf Minuten nach Brandausbruch (rechts)

darstellen. Sie müssen einerseits den Brand auf den Entstehungsraum begrenzen und andererseits die Gefangenen in den nicht vom Brand betroffenen Hafträumen vor Raucheintritt schützen.

3.3 Gefahrenanalyse – globale Gebäudebetrachtung

Im Vorfeld einer weiterführenden detaillierten Bewertung empfiehlt sich zunächst aus Gründen der besseren Übersichtlichkeit eine Gefahrenanalyse für die jeweiligen Gebäude, Gebäudeteile bzw. Nutzungseinheiten eines exemplarischen Hafthauses in tabellarischer Form. Die dabei verwendeten Definitionen für die Gefahrentypen können in Anlehnung an (vgl. [38], S. 11) sowie Bezug nehmend auf die aktuelle Rechtsprechung folgendermaßen festgelegt werden:

Allgemeine Gefahr

Die „allgemeine Gefahr" ist eine Sachlage, die bei ungehindertem Ablauf des Geschehens mit hinreichender Wahrscheinlichkeit zu einem Schaden für die öffentliche Sicherheit (Verletzung der objektiven Rechtsordnung, der subjektiven Rechte und Rechtsgüter des Einzelnen sowie der Einrichtungen des Staates) führen würde.

Abstrakte Gefahr

Die „abstrakte Gefahr" ist ein Zustand, der über die allgemeine Lebensgefahr hinausgehend die Möglichkeit einer Beeinträchtigung der öffentlichen Sicherheit mit hinreichender Wahrscheinlichkeit enthält. (Beispiel einer abstrakten Gefahr: Die tatsächlich vorhandene Feuerwiderstandsdauer tragender Bauteile entspricht nicht den gesetzlichen Vorgaben.)

Konkrete (reale) Gefahr

Die „konkrete bzw. reale Gefahr" liegt vor, wenn

- bei einem (jederzeit möglichen) Schadensereignis (hier: Brandereignis)
- im konkreten Einzelfall
- in überschaubarer Zukunft
- mit hinreichender Wahrscheinlichkeit

eine Gefährdung der Rechtsgüter Leben und Gesundheit möglich ist (Beispiel einer konkreten Gefahr: Fehlen des zweiten Rettungsweges).

Auf der Grundlage der vorgenannten Gefahrendefinitionen erfolgt zunächst eine globale, tabellarische Gefahrenanalyse (Tabelle 1) für ein im Bestand vorhandenes beispielhaftes Unterkunftsgebäude in panoptischer Bauweise (mit Öffnungen in Geschossdecken im Bereich der Flure) der Gebäudeklasse 5 (GK 5) als Regelannahme. Dabei wurden brandschutztechnisch typische Besonderheiten und Situationen erfasst und berücksichtigt.

Tabelle 1: Gefahrenanalyse am Beispiel eines Unterkunftsgebäudes (Hafthaus) der Gebäudeklasse 5, in Anlehnung an [41]

Kriterium	Akzeptiertes Maß nach MBO	Festgestellte Situation	Bewertung des Risikos	Einschätzung/ Handlungsgebot
Nutzung	Wohn- oder Büronutzung	JVA-Nutzung mit Hafthäusern, Büro- und Verwaltungsgebäuden, Werkstätten und div. Sondernutzungen	Normales Risiko (jedoch Einzelfallbetrachtung erforderlich)	Kein Handlungsgebot **allgemeine Gefahr**
Gefahr der Brandentstehung	Eine hohe Gefahr ist normal im Sinne des Sicherheitsansatzes	hohe Gefahr (zu beachten: Manipulation und Brandstiftung)	Normales Risiko	Kein Handlungsgebot **allgemeine Gefahr**

Kriterium	Akzeptiertes Maß nach MBO	Festgestellte Situation	Bewertung des Risikos	Einschätzung/ Handlungsgebot
Größe der Brandlast	780 MJ/m² [42]	Differenzierte Bestandserfassung ist erforderlich; in Zellen i. d. R. vergleichbare Brandlasten wie in Wohnungen; hohe Brandlasten in Werkstätten usw.	Normales Risiko	Kein Handlungsgebot **allgemeine Gefahr**
Nutzer	Freiwillige Nutzer	Unfreiwillige Nutzer, Gewaltbereitschaft vorhanden, Gefahr der Manipulation bzw. Brandstiftung	Erhöhtes Risiko	Schadensausmaß und Eintrittswahrscheinlichkeit: mittel **abstrakte Gefahr**
	Nicht ständig aufmerksam (Schlaf in der Nacht)	Ständig aufmerksam (Dienstpersonal), 24-Stunden-Bereitschaft; nicht ständig aufmerksam: Gefangene	Normales Risiko	Kein Handlungsgebot **allgemeine Gefahr**
	Ortskundig	Ortskundig (Dienstpersonal)	Normales Risiko	Kein Handlungsgebot **allgemeine Gefahr**
	Normal beweglich	i. d. R. normal beweglich	Normales Risiko	Kein Handlungsgebot **allgemeine Gefahr**
	Nicht auf fremde Hilfe angewiesen	Gefangene sind vollständig auf fremde Hilfe durch das Dienstpersonal angewiesen	Erhöhtes Risiko	Schadensausmaß und Eintrittswahrscheinlichkeit: mittel **abstrakte Gefahr**
Belegungsdichte	6–8 Personen pro Nutzungseinheit	Hohe Belegungsdichte insgesamt (ähnlich Krankenhaus), jedoch kleinteilige Zellenstrukturen der Hafträume	Erhöhtes Risiko	Schadensausmaß und Eintrittswahrscheinlichkeit: mittel **abstrakte Gefahr**
Gefahr der Brandausbreitung	Nutzungseinheiten über 200 m²: Ausbildung notwendiger Flure erforderlich (keine wohn- bzw. büroähnliche Nutzung)	Nutzungseinheiten i. d. R. größer als 200 m²; Ausbildung notwendiger Flure ist im Bestand teilweise nicht gegeben (z. B. Öffnungen in Geschossdecken)	Erhöhtes Risiko	Schadensausmaß und Eintrittswahrscheinlichkeit: mittel **abstrakte Gefahr** (Kompensationsmaßnahmen erforderlich)
	Tragende und aussteifende Bauteile GK 5: feuerbeständig	i. d. R. vorhanden	Normales Risiko	Kein Handlungsgebot **allgemeine Gefahr**

Kriterium	Akzeptiertes Maß nach MBO	Festgestellte Situation	Bewertung des Risikos	Einschätzung/ Handlungsgebot
Gefahr der Brandausbreitung	Decken GK 5: feuerbeständig	Teilweise nicht erfüllt, historische Deckenkonstruktionen (z. B. Stahlkonstruktionen, Stahlsteindecken usw.) erfüllen nicht die Anforderung *feuerbeständig*	Erhöhtes Risiko	Schadensausmaß und Eintrittswahrscheinlichkeit: mittel **abstrakte Gefahr** (Kompensationmaßnahmen erforderlich)
	Trennwände zwischen Hafräumen und zum Flur feuerbeständig	i. d. R. vorhanden	Normales Risiko	Kein Handlungsgebot **allgemeine Gefahr**
	Abtrennung Treppenanlagen: z. B. T 30-RS/ EI_2 30-S_{200}C Tür	Türen i. d. R. ohne bauaufsichtliche Zulassung (durch Einbau JVA-Schließsystem); Türen erfüllen i. d. R. die entsprechende Bauart einer Brandschutztür	Normales Risiko	Kein Handlungsgebot **allgemeine Gefahr**
		Hinweis: teilweise keine notwendigen Treppenräume ausgebildet!	Großes Risiko	Schadensausmaß und Eintrittswahrscheinlichkeit: groß **konkrete Gefahr**
	Leitungsführung durch Decken: feuerbeständige Schottung erforderlich	i. d. R. vorhanden	Normales Risiko	Kein Handlungsgebot **allgemeine Gefahr**
	Ausbildung von Brandabschnitten im Abstand von max. 40 m bzw. max. Größe von 1 600 m²	Teilweise im Bestand nicht erfüllt; bei Gewährleistung der Personenrettung werden Brandwände in bestehenden Anstalten nicht nachträglich gefordert [24], [28]	Erhöhtes Risiko	Schadensausmaß und Eintrittswahrscheinlichkeit: mittel **abstrakte Gefahr**
Gefahr der Rauchausbreitung	Ausbildung notwendiger Flure bei Nutzungseinheiten größer 200 m²; (keine wohn- bzw. büroähnliche Nutzung)	Nutzungseinheiten i. d. R. größer als 200 m²; Ausbildung notwendiger Flure ist im Bestand teilweise nicht gegeben (z. B. Öffnungen in Geschossdecken)	Erhöhtes Risiko	Schadensausmaß und Eintrittswahrscheinlichkeit: mittel **abstrakte Gefahr** (Kompensationsmaßnahmen erforderlich)

Kriterium	Akzeptiertes Maß nach MBO	Festgestellte Situation	Bewertung des Risikos	Einschätzung/ Handlungsgebot
Gefahr der Rauchausbreitung	Ausbildung von Rauchabschnitten in notwendigen Fluren im Abstand von max. 30 m	Forderung teilweise nicht erfüllt	Erhöhtes Risiko	Schadensausmaß und Eintrittswahrscheinlichkeit: mittel **abstrakte Gefahr** (Kompensationsmaßnahmen erforderlich)
	Leitungsführung durch Decken: feuerbeständige Schottung erforderlich	i. d. R. erfüllt (keine detaillierte Bewertung)	Normales Risiko	Kein Handlungsgebot **allgemeine Gefahr**
	Abtrennung Treppenanlagen: z. B. T 30-RS/ EI_2 30-S_{200}C Tür	Türen i. d. R. ohne bauaufsichtliche Zulassung (durch Einbau JVA-Schließsystem); Türen erfüllen i. d. R. die entsprechende Bauart einer Brandschutztür	Normales Risiko	Kein Handlungsgebot **allgemeine Gefahr**
		Hinweis: teilweise keine notwendigen Treppenräume ausgebildet!	Großes Risiko	Schadensausmaß und Eintrittswahrscheinlichkeit: groß **konkrete Gefahr**
Gefahr für Flucht und Rettung	Zwei voneinander unabhängige Rettungswege erforderlich	Bewegungsfreiheit der Gefangenen stark eingeschränkt; Rettung nur mithilfe des Dienstpersonals möglich; Kompensation durch organisatorischen Brandschutz zwingend notwendig	Erhöhtes Risiko	Schadensausmaß und Eintrittswahrscheinlichkeit: mittel **abstrakte Gefahr**

Kriterium	Akzeptiertes Maß nach MBO	Festgestellte Situation	Bewertung des Risikos	Einschätzung/ Handlungsgebot
Gefahr für Flucht und Rettung	Zulässige Rettungsweglänge: 35 m	Vorhandene Rettungsweglänge: im Bestand teilweise größer als 35 m	Erhöhtes Risiko (die Besonderheit des Verbleibens der Gefangenen in den Hafträumen im Brandfall ist zu beachten; besondere Bedeutung des organisatorischen Brandschutzes)	Schadensausmaß und Eintrittswahrscheinlichkeit: mittel **abstrakte Gefahr**
	Ausbildung notwendiger Flure bei Nutzungseinheiten größer 200 m^2	Nutzungseinheiten i. d. R. größer als 200 m^2; Ausbildung notwendiger Flure ist im Bestand teilweise nicht gegeben	Erhöhtes Risiko	Schadensausmaß und Eintrittswahrscheinlichkeit: mittel **abstrakte Gefahr** (Kompensationsmaßnahmen erforderlich)
	Sichere Begehbarkeit der Rettungswege durch allseitigen Raumabschluss erforderlich	Raumabschluss teilweise nicht gegeben (z. B. Öffnungen in Geschossdecken im Bereich der Flure); teilweise keine notwendigen Treppenräume ausgebildet!	Hohes bis großes Risiko	Schadensausmaß und Eintrittswahrscheinlichkeit: groß **hohe bis konkrete Gefahr** (Einzelfallbeurteilung erforderlich)
Gefahr der Brandbekämpfung	Löschwasser: Grundschutz mit 96 m^3/h erforderlich	i. d. R. 96 m^3/h über 2 Stunden vorhanden	Normales Risiko	Kein Handlungsgebot **allgemeine Gefahr**

Kriterium	Akzeptiertes Maß nach MBO	Festgestellte Situation	Bewertung des Risikos	Einschätzung/ Handlungsgebot
Gefahr der Brandbekämpfung	Zugänglichkeit Feuerwehr	Zugänglichkeit Außengelände im Wesentlichen ausreichend vorhanden; Einschränkungen innerer Angriffswege beachten (z. B. verschlossene Durchgangstüren, unzureichende Ausbildung von notwendigen Treppenräumen)	Erhöhtes Risiko	Schadensausmaß und Eintrittswahrscheinlichkeit: mittel **abstrakte Gefahr** positiv: Feuerwehr besitzt Ortskenntnis, aktuelle Feuerwehrpläne liegen vor
	Tragende und aussteifende Bauteile bei GK 5: feuerbeständig	i. d. R. vorhanden	Normales Risiko	Kein Handlungsgebot **allgemeine Gefahr**

In Auswertung der tabellarischen Gefahrenanalyse zur globalen Gebäudebetrachtung eines beispielhaften Haftgebäudes im Bestand lässt sich zusammenfassend feststellen, dass bei einem Brandereignis, zumindest in den Hafthäusern der panoptischen Bauweise, mit einer Ausbreitung von Feuer und Rauch grundsätzlich gerechnet werden muss. Aufgrund der praktisch teilweise nicht vorhandenen, jedoch bauordnungsrechtlich geforderten notwendigen Flure und notwendigen Treppenräume (Raumabschluss und Rauchschutzunterteilungen sind im Bestand regelmäßig nicht gegeben) ist unter Umständen von einem Ausfall des ersten Rettungsweges auszugehen. Ein zweiter Rettungsweg steht aufgrund der Vergitterung sämtlicher Fenster sowie bei fehlender baulicher Umsetzung nicht zur Verfügung.

Ein weiterer Risikofaktor ergibt sich aus der spezifischen Nutzung von Justizvollzugsanstalten. Dem Sicherheitsansatz der Musterbauordnung liegen freiwillig sich im Gebäude aufhaltende, ortskundige und normalbewegliche Personen zugrunde, die nicht auf fremde Hilfe angewiesen sind. Die größte Nutzergruppe einer Justizvollzugsanstalt, die Gefangenen, hält sich im Regelfall jedoch unfreiwillig im Gebäude auf. Die Bedürfnisse und Tätigkeiten dieser Nutzergruppe werden maßgeblich durch den Gesetzgeber geregelt (vgl. [43], S. 12). Die Bewegungsfreiheit der Gefangenen im Gebäude ist stark eingeschränkt. Im Evakuierungsfall sind sie auf die Hilfe des Dienstpersonals zwingend angewiesen.

In ihrem Artikel „Empfehlungen für den Bau von Justizvollzugsanstalten“ in der Zeitschrift „bau intern“ kommen die Autoren Gabriele Engel (Mitglied der

Arbeitsgruppe für Justizvollzugsbauten Oberste Baubehörde im Bayerischen Staatsministerium des Innern) und Hermann Korndörfer (Sachgebietsleiter im Bayerischen Staatsministerium der Justiz) zu dem Schluss, dass der Justizvollzug zunehmend geprägt ist von „gefährlichen, jederzeit gewaltbereiten, behandlungsunwilligen, mehr als früher sozialisationsgeschädigten, durch erheblichen Drogenkonsum vorgeschädigten und der organisierten Kriminalität zugehörigen Gefangenen“ [44]. Aufgrund dieser Bereitschaft zu Gewalt, Manipulation und Brandstiftung ist das Brandentstehungsrisiko höher als in anderen vergleichbaren Sonderbauten.

Positiv im Sinne der Risikobewertung sind die gewöhnlich vorhandenen optimalen Voraussetzungen des baulichen Brandschutzes aufgrund der statisch gegebenen Sicherheitsreserven tragender Bauteile sowie die kleinzelligen Gebäudestrukturen mit vergleichsweise geringen Brandlasten. Günstige Bedingungen bietet weiterhin der organisatorische Brandschutz mit der ständigen Anwesenheit eines geschulten Vollzugspersonals im 24-Stunden-Bereitschaftsdienst, das sich in dem betroffenen Gebäude täglich aufhält und mit den örtlichen Gegebenheiten und mit den Sicherheitsanforderungen vertraut ist. Diese entscheidenden Besonderheiten sind bei der Erstellung eines schlüssigen Brandschutzkonzeptes für Justizvollzugsanstalten unbedingt zu beachten.

4 Brandschutzkonzept

4.1 Allgemeine Vorbetrachtungen

Die im Abschnitt *Brandschutzkonzept* getroffenen Planungshinweise und Festlegungen gelten gleichermaßen für die Planung von neu zu errichtenden und bestehenden geschlossenen Anstalten, wobei etwaige im Bestand festgestellte Defizite gesondert zu bewerten und zu kompensieren sind. Die nachfolgenden Planungshinweise gelten nicht ausschließlich für Justizvollzugsanstalten, sondern sind auch sinngemäß für sonstige geschlossene Einrichtungen des Justizvollzugs anwendbar. Zur Vereinfachung wird in der weiteren fachlichen Ausführung der Oberbegriff *Justizvollzugsanstalten* verwendet. Im Zuge der brandschutztechnischen Risikobewertung von Justizvollzugsanstalten sind zunächst sowohl die bauliche Anlage in ihrer Gesamtheit, z. B. hinsichtlich der Ausbildung von Brandabschnitten und der Führung von Rettungswegen, als auch die einzelnen Gebäudebereiche oder einzelnen Bauteile, z. B. Treppenräume, notwendige Flure oder Trennwände, zu betrachten.

Unter Berücksichtigung insbesondere

- der Nutzung,
- des Brandrisikos und
- des zu erwartenden Schadenausmaßes

werden im Rahmen der Risikobewertung die Einzelkomponenten und ihre Verknüpfung im Hinblick auf die Einhaltung der allgemeinen und speziellen Schutzziele beschrieben und stellen somit eine zielorientierte Gesamtbewertung des Brandschutzes für die betrachteten Bereiche dar. Sofern die gesetzlich festgelegten Schutzziele im Bestand nicht erfüllt werden, werden Maßnahmen des

- vorbeugenden baulichen sowie anlagentechnischen Brandschutzes,
- organisatorischen (betrieblichen) Brandschutzes und
- abwehrenden Brandschutzes

vorgeschlagen, um diese zu erfüllen. Hierbei müssen jedoch auch mögliche Brandschutzaspekte mit betrachtet werden, die einem unverhältnismäßigen Anpassungsverlangen unter Umständen entgegenstehen können.

4.2 Allgemeine und besondere Schutzziele

Die allgemeinen Anforderungen an bauliche Anlagen werden in § 3 MBO festgelegt. Die speziellen brandschutztechnischen Anforderungen werden in

§ 14 MBO definiert. Für die brandschutztechnische Beurteilung von Gebäuden sind zunächst grundsätzlich die Schutzziele nach § 14 MBO nachzuweisen:

- Vorbeugung der Entstehung eines Brandes
- Vorbeugung der Ausbreitung von Feuer und Rauch (Brandausbreitung)
- Ermöglichung der Rettung von Menschen und Tieren
- Ermöglichung wirksamer Löscharbeiten

Hierbei steht der Personenschutz, also der Schutz von Leben und Gesundheit der sich im Gebäude oder dessen unmittelbarer Umgebung aufhaltenden Personen sowie der Feuerwehreinsatzkräfte, an oberster Stelle. Aus diesem Grund ist es erstes Ziel, den betroffenen Bereich im Brandfall zügig evakuieren zu können. Aufgrund der in Justizvollzugsanstalten vorhandenen hohen Personenzahlen in Verbindung mit der nutzungsspezifischen Besonderheit, dass das bauordnungsrechtliche Schutzziel der Personenrettung mittels unabhängiger und eigenständig benutzbarer baulicher Rettungswege mit dem primären Schutzziel einer Justizvollzugsanstalt, der Gewährleistung des Ausbruchschutzes, kollidiert, ist der Einsatz von Rettungsgeräten der Feuerwehr in der Regel auszuschließen. Schwerpunkt muss die Ausbildung einer ausreichenden Anzahl voneinander unabhängiger baulicher Rettungswege sein, um eine koordinierte Personenrettung der Gefangenen mit organisatorischer Unterstützung des Vollzugspersonals zu ermöglichen. Darüber hinaus müssen den Einsatzkräften ausreichend gesicherte Angriffs- und Rettungswege zur Verfügung stehen. Nach Möglichkeit sollten sich die Angriffswege der Feuerwehr nicht mit den Rettungswegen der Gefangenen überlagern, um Störungen des Einsatzes und mögliche Übergriffe oder Geiselnahmen durch Gefangene auszuschließen.

Das Tragwerk muss zum Schutz der Einsatzkräfte beim Innenangriff, aber auch für die Dauer einer geordneten Gebäudeevakuierung einen der Gebäudeklasse entsprechenden Feuerwiderstand aufweisen. Die Entstehung eines Brandes kann trotz getroffener vorbeugender Maßnahmen nicht grundsätzlich ausgeschlossen werden. Um wirksame Löscharbeiten überhaupt zu ermöglichen, muss der Ausbreitung von Feuer und Rauch durch das Zusammenspiel verschiedener Maßnahmen jedoch vorgebeugt werden. Um dieses Ziel zu erreichen, ist die Umsetzung des Abschottungsprinzips erforderlich. Grundlage hierfür ist die Anordnung raumabschließender Bauteile mit Feuerwiderstand.

Neben den baurechtlich verankerten Schutzzielen können für Gebäude weitere Schutzziele definiert werden. Diese betreffen beispielsweise Fragen des Sachschutzes oder des Schutzes kultureller Güter. Die Aufrechterhaltung der

Betriebsfähigkeit und inneren Sicherheit, wie speziell in Justizvollzugsanstalten unerlässlich, kann und muss ebenfalls als Schutzziel festgelegt werden. Darüber hinaus lassen sich gemäß [29] im Rahmen einer für Justizvollzugsanstalten typischen Schutzzielbetrachtung folgende, für den speziellen Gebäudetyp zusätzlich zutreffende Maßnahmen festlegen:

- Verhinderung von Fluchtversuchen von innen (Ausbrüche)
- Verhinderung von Fluchtversuchen mit Einwirkung von außen (Einbrüche)
- Verhinderung von Geiselnahmen
- Verhinderung von Meutereien
- Verhinderung unerwünschter Kontakte (mit anderen Gefangenen oder der Außenwelt)
- Abwehr gewalttätiger Angriffe und Sabotageakte (z. B. Sprengstoffanschlag)
- Verhinderung technischer Störungen
- Verhinderung von Schmuggel (Einschleusen unerlaubter Gegenstände)
- Vermeidung von Brandstiftung

Das primäre Schutzziel einer Justizvollzugsanstalt, die Verhinderung von Fluchtversuchen, ist auch im Brandfall konsequent einzuhalten. Die Umsetzung dieses Sicherheitsaspektes führt zu einem deutlichen Widerspruch zu den allgemeinen, öffentlich-rechtlichen Schutzzielen, insbesondere der selbstständigen Personenrettung über unabhängige, eigenständig benutzbare Rettungswege. Die konzeptionellen Ansätze für die Gestaltung der Rettungswege gemäß Bauordnungsrecht können in Justizvollzugsanstalten nicht angewendet werden. Diese Defizite bzw. Besonderheiten sind organisatorisch zu kompensieren. Als Bezugsgrößen für ein zu erstellendes Brandschutzkonzept müssen daher die zuvor genannten allgemeinen Schutzziele nach MBO [2] und zusätzlich die bereits aufgeführten spezifischen Schutzziele einer Justizvollzugsanstalt, insbesondere die Gewährleistung der Ausbruchsicherheit und die Aufrechterhaltung der Sicherheitsstrukturen, definiert werden.

4.3 Baulicher Brandschutz – Einzelbetrachtung

In Bezug auf die einzelnen Gebäudeteile bzw. Nutzungseinheiten werden in den folgenden Ausführungen des Abschnitts *Baulicher Brandschutz* folgende brandschutztechnisch relevanten Punkte unter Berücksichtigung der MBO zusätzlich näher betrachtet und erläutert bzw. dargestellt:

- Einhaltung der zulässigen Brandabschnittsgrößen sowie Verhinderung einer Brandausbreitung bzw. eines Brandüberschlages zwischen den Brandabschnitten bzw. Nutzungseinheiten
- brandschutztechnische Auslegung sämtlicher relevanten Bauteile einschließlich notwendiger Anforderungen an die Feuerwiderstandsdauer
- Sicherstellung der Zugänglichkeit zum Gelände und zu den baulichen Anlagen für die Feuerwehr und weitere Rettungskräfte
- Sicherung der Rettungswege sowie Einhaltung der zulässigen Rettungsweglängen
- organisatorische Maßnahmen

Dazu werden auftretende Abweichungen vom aktuellen Bauordnungsrecht (MBO bzw. jeweilige Landesbauordnung) entsprechend dem Risiko bewertet und ggf. mit erforderlichen Kompensationsmaßnahmen bzw. Empfehlungen und Lösungsansätzen versehen, die möglichst auch allgemein verwendbar sein sollen. Die sich daraus ergebenden einzelnen Bauteilanforderungen nach MBO sowie auf der Grundlage verfügbarer Handlungsempfehlungen an die zu beurteilenden Haftgebäude werden in den nachfolgenden Abschnitten zusammengestellt sowie in tabellarischer Form zusammengefasst. Die Planungsvorgaben gelten sinngemäß auch für sonstige geschlossene Einrichtungen des Justizvollzugs.

4.3.1 Brandabschnittsbildung

Die bauordnungsrechtlichen Anforderungen nach Anordnung innerer Brandwände in Abständen von maximal 40 m bzw. die daraus resultierende maximal zulässige Brandabschnittsgröße von 1 600 m² werden in bestehenden Justizvollzugsanstalten zum Teil erheblich überschritten. Bei einer vergleichenden Betrachtung mit Verweis auf die Muster-Schulbau-Richtlinie (MSchulbauR) [45] kann zumindest eine Brandabschnittslänge von 60 m und eine sich daraus ergebende höchstens zulässige Brandabschnittsgröße von 3 600 m² auch für die Hafthäuser von Justizvollzugsanstalten toleriert werden, da aufgrund der besonderen baulichen Strukturen, insbesondere der Gliederung in kleinteilige brandschutztechnisch getrennte Abschnitte (Zellenbildung Hafträume) mit gewöhnlich feuerbeständigen Trennwänden, eine ungehinderte Brandausbreitung kaum wahrscheinlich ist. Die festgestellten Überschreitungen der Brandabschnittsgrößen im Bestand sind in erster Linie dem Bautyp des panoptischen Systems (vgl. Abschnitt 2.3 – *Baugeschichtliche Aspekte*) geschuldet.

Ein nachträglicher Einbau von inneren Brandwänden bei historischen Anstalten gestaltet sich bautechnisch als schwierig umsetzbar, zumal die Belange des Denkmalschutzes oftmals zusätzlich zu berücksichtigen sind. Unter Bezugnahme auf die „Empfehlungen zum Brandschutz beim Bau und Betrieb von Justizvollzugsanstalten des geschlossenen Vollzuges in NRW“ werden zusätzliche Brandwände in bestehenden Anstalten nicht nachträglich gefordert, da die bauliche Substanz der Zellentrakte hohe Sicherheitsreserven gegen eine flächenhafte Brandausbreitung beinhaltet. Unter der Voraussetzung, dass die Flure brandlastarm ausgestattet sind, sind eine Brandausbreitung und -weiterleitung nahezu ausgeschlossen (vgl. [24], Pkt. 5.1). Diese brandschutztechnischen Empfehlungen können aber immer nur auf den jeweiligen Einzelfall bezogen werden und bedürfen somit einer gesonderten Risikobewertung der konkreten baulichen Anlage. Beispielsweise ist bei den historischen Anstalten des panoptischen Systems mit Öffnungen in Geschossdecken im Bereich der Flure der Zellentrakte eine brandschutztechnische Trennung mit Anforderung an den Raumabschluss weder in vertikaler noch in horizontaler Richtung wirkungsvoll vorhanden. Aufgrund dieser besonderen Geometrie der Baukörper besteht ein erhöhtes bis hohes Risiko der ungehinderten Brandausbreitung innerhalb der Gesamtanlage.

Tabelle 2 vermittelt einen zusammenfassenden Überblick über die Anforderungen an *Brandwände* gemäß MBO [2] unter Verwendung der Planungshinweise der Handlungsempfehlungen Bayern [28] und NRW [24].

Tabelle 2: Übersicht der bauordnungsrechtlichen Anforderungen an Brandwände auf Grundlage der MBO (Gebäudeklasse 5) sowie der Handlungsempfehlungen Bayern [28] und NRW [24]

Lfd. Nr.	Bauteile, Situation	Gesetzliche Anforderung (MBO, Nationale Norm, Euro-Norm)	Gesetzliche Grundlage	Anmerkungen/ Besonderheiten
1	Brandwände als Gebäudeabschlusswand	als raumabschließende Bauteile zum Abschluss von Gebäuden ausreichend lang die Brandausbreitung auf andere Gebäude verhindern	§ 30 (1) MBO	
2	Brandwände als Gebäudeabschlusswand	wenn diese Abschlusswände an oder mit einem Abstand von weniger als 2,50 m gegenüber der Grundstücksgrenze bzw. 5 m gegenüber von Gebäuden errichtet werden	§ 30 (2) MBO	

Lfd. Nr.	Bauteile, Situation	Gesetzliche Anforderung (MBO, Nationale Norm, Euro-Norm)	Gesetzliche Grundlage	Anmerkungen/ Besonderheiten
3	Brandwände als Gebäudeabschlusswand	auch unter zusätzlicher mechanischer Beanspruchung feuerbeständig und aus nichtbrennbaren Baustoffen, F 90-A, auch unter zusätzlicher mechanischer Beanspruchung, REI 90-M	§ 30 (3) MBO	
4	Brandwände als Gebäudeabschlusswand	müssen bis zur Bedachung durchgehen und in allen Geschossen übereinander angeordnet sein	§ 30 (4) MBO	
5	Brandwände als Gebäudeabschlusswand	sind 0,30 m über die Bedachung zu führen oder in Höhe der Dachhaut mit einer beiderseits 0,50 m auskragenden feuerbeständigen Platte aus nichtbrennbaren Baustoffen abzuschließen; keine brennbaren Teile des Daches darüber hinwegführen, F 90-A, REI 90	§ 30 (5) MBO	
6	Brandwände als Gebäudeabschlusswand	bei Gebäuden, die über Eck zusammenstoßen, Abstand dieser Wand von der inneren Ecke mindestens 5 m oder Winkel der inneren Ecke mehr als 120 Grad oder mindestens eine Außenwand auf 5 m Länge als öffnungslose feuerbeständige Wand aus nichtbrennbaren Baustoffen, F 90-A, REI 90	§ 30 (6) MBO	
7	Brandwände als Gebäudeabschlusswand	Bauteile mit brennbaren Baustoffen dürfen über Brandwände nicht hinweggeführt werden; Außenwandbekleidungen einschließlich der Dämmstoffe und Unterkonstruktionen nichtbrennbar	§ 30 (7) MBO	

Lfd. Nr.	Bauteile, Situation	Gesetzliche Anforderung (MBO, Nationale Norm, Euro-Norm)	Gesetzliche Grundlage	Anmerkungen/ Besonderheiten
8	Brandwände als Gebäudeabschlusswand	Öffnungen sind unzulässig	§ 30 (8) MBO	
9	Brandwände als innere Brandwand	als raumabschließende Bauteile zur Unterteilung von Gebäuden in Brandabschnitte ausreichend lang die Brandausbreitung auf andere Brandabschnitte verhindern	§ 30 (1) MBO	
10	Brandwände als innere Brandwand	zur Unterteilung ausgedehnter Gebäude in Abständen von nicht mehr als 40 m (max. Brandabschnittsfläche 1 600 m^2)	§ 30 (2) MBO	Abweichende Brandabschnittsgrößen können im Bestand toleriert werden. Nachträgliche Brandwände werden im Bestand nicht gefordert. [24], [28] (Einzelfallbetrachtung erforderlich!)
11	Brandwände als innere Brandwand	auch unter zusätzlicher mechanischer Beanspruchung feuerbeständig und aus nichtbrennbaren Baustoffen, F 90-A, auch unter zusätzlicher mechanischer Beanspruchung, REI 90-M	§ 30 (3) MBO	
12	Brandwände als innere Brandwand	müssen bis zur Bedachung durchgehen und in allen Geschossen übereinander angeordnet sein; Wände geschossweise versetzt anordnen, wenn 1) Wände im Übrigen Abs. 3 Satz 1 entsprechen, 2) Decken, soweit in Verbindung mit diesen Wänden, feuerbeständig, aus nichtbrennbaren Baustoffen und keine Öffnungen haben,	§ 30 (4) MBO	

Lfd. Nr.	Bauteile, Situation	Gesetzliche Anforderung (MBO, Nationale Norm, Euro-Norm)	Gesetzliche Grundlage	Anmerkungen/ Besonderheiten
		3) Bauteile, die diese Wände und Decken unterstützen, feuerbeständig und aus nichtbrennbaren Baustoffen, 4) Außenwände in der Breite des Versatzes in dem Geschoss oberhalb oder unterhalb feuerbeständig und 5) Öffnungen in den Außenwänden im Bereich des Versatzes so angeordnet oder andere Vorkehrungen so getroffen sind, dass eine Brandausbreitung in andere Brandabschnitte nicht zu befürchten ist		
13	Brandwände als innere Brandwand	sind 0,30 m über die Bedachung zu führen oder in Höhe der Dachhaut mit einer beiderseits 0,50 m auskragenden feuerbeständigen Platte aus nichtbrennbaren Baustoffen abzuschließen; keine brennbaren Teile des Daches darüber hinwegführen, F 90-A, REI 90	§ 30 (5) MBO	
14	Brandwände als innere Brandwand	bei Gebäudeteilen, die über Eck zusammenstoßen, Abstand dieser Wand von der inneren Ecke mindestens 5 m oder Winkel der inneren Ecke mehr als 120 Grad oder mindestens eine Außenwand auf 5 m Länge als öffnungslose feuerbeständige Wand aus nichtbrennbaren Baustoffen, F 90-A, REI 90	§ 30 (6) MBO	
15	Brandwände als innere Brandwand	Bauteile mit brennbaren Baustoffen dürfen über Brandwände nicht hinweggeführt werden; Bauteile dürfen in Brandwände nur so weit eingreifen, dass deren Feuerwiderstandsfähigkeit nicht beeinträchtigt wird	§ 30 (7) MBO	

Lfd. Nr.	Bauteile, Situation	Gesetzliche Anforderung (MBO, Nationale Norm, Euro-Norm)	Gesetzliche Grundlage	Anmerkungen/ Besonderheiten
16	Brandwände als innere Brandwand	Öffnungen nur zulässig, wenn sie auf die für die Nutzung erforderliche Zahl und Größe beschränkt sind; feuerbeständige, dicht- und selbstschließende Abschlüsse, T 90, EI_2 90-S_aC[..]	§ 30 (8) MBO	
17	Brandwände als innere Brandwand	feuerbeständige Verglasungen nur zulässig, wenn sie auf die für die Nutzung erforderliche Zahl und Größe beschränkt sind, F 90, –	§ 30 (9) MBO	

4.3.2 Tragende Wände und tragende Stützen

Allein unter dem Aspekt der Sicherstellung des primären Schutzzieles, der Verhinderung von Fluchtversuchen, ist die Ausbildung tragender, aber auch raumabschließender Bauteile in massiver, nicht brennbarer und ausbruchsicherer Bauweise umzusetzen. Prinzipiell vermieden werden sollten Wand-, Decken- und Fassadenelemente in Leichtbauweise. Diese Hinweise sind außer bei Unterkunftsgebäuden (zum Beispiel Haftgebäude, Gebäude des Maßregelvollzugs, Haftkrankenhäuser usw.), auch bei der Planung und Ausführung anderer sicherheitsrelevanter Gebäude oder Bauteile, wie beispielsweise der Torwache oder Sicherheitszentrale, zu beachten, da hier aufgrund der Gebäudegeometrie gewöhnlich eine Einstufung in die Gebäudeklasse 3 nach Bauordnungsrecht zutreffend ist und formal eine feuerhemmende Ausführung der tragenden Wände und Decken unter Verwendung brennbarer Baustoffe möglich wäre. Die tragenden Wände und Stützen in den Hafthäusern von Justizvollzugsanstalten können erfahrungsgemäß aufgrund der im Bestand vorhandenen hohen Sicherheitsreserven aus der Sicherstellung des Schutzziels Ausbruchsicherheit regelmäßig als feuerbeständig eingestuft werden. Sowohl unter dem Gesichtspunkt der Sicherheitsbetrachtung (Aufrechterhalten der Betriebsfähigkeit und inneren Sicherheit) als auch unter Berücksichtigung der Einschränkungen bei der Personenrettung sind tragende Wände und Stützen in Justizvollzugsanstalten und sonstigen geschlossenen Einrichtungen des Justizvollzugs zwingend in feuerbeständiger Bauweise auszubilden.

Tabelle 3 vermittelt einen zusammenfassenden Überblick über die Anforderungen an *tragende Wände und tragende Stützen* gemäß MBO [2] unter Verwendung der Planungshinweise der Handlungsempfehlungen Bayern [28] und NRW [24].

Tabelle 3: Übersicht der bauordnungsrechtlichen Anforderungen an tragende Wände und tragende Stützen auf Grundlage der MBO (Gebäudeklasse 5) sowie der Handlungsempfehlungen Bayern [28] und NRW [24]

Lfd. Nr.	Bauteile, Situation	Gesetzliche Anforderung (MBO, Nationale Norm, Euro-Norm)	Gesetzliche Grundlage	Anmerkungen/ Besonderheiten
1	Tragende Wände und Stützen in den Geschossen	im Brandfall ausreichend lang standsicher; feuerbeständig, F 90-AB, R 90	§ 27 (1) MBO	Zu beachten: zusätzliche Anforderungen an Ausbruchsicherheit, Leichtbaukonstruktionen und brennbare Baustoffe sind zu vermeiden [28]
2	Tragende Wände und Stützen für Geschosse im Dachraum	wenn darüber noch Aufenthaltsräume möglich sind; feuerbeständig, F 90-AB, R 90	§ 27 (1) MBO	
3	Tragende Wände und Stützen im Kellergeschoss	feuerbeständig, F 90-AB, R 90	§ 27 (2) MBO	

4.3.3 Außenwände

Zusätzlich zu den Anforderungen nach Musterbauordnung (MBO) [2] sind weitere Vorkehrungen zu treffen, um die spezifischen Schutzziele von Justizvollzugsanstalten und sonstigen geschlossenen Einrichtungen des Justizvollzugs zu gewährleisten. Für eine Außenfassade (vgl. Abbildung 19) sind dies die Verhinderung unerwünschter Kommunikation zwischen den Gefangenen, das unerlaubte Austauschen von Gegenständen über die Fassade sowie die Verhinderung der Benutzung von Fassadenelementen als Steighilfe. Diese Forderungen können beispielsweise durch Fenstervergitterungen, Vermeidung von Blitzschutzanlagen und Fallrohren im Bereich exponierter Fassadenbereiche, aber auch durch versetzt angeordnete Fassadenabschnitte („Zackenfassaden") umgesetzt werden.

Tabelle 4 vermittelt einen zusammenfassenden Überblick über die Anforderungen an *Außenwände* gemäß MBO [2] unter Verwendung der Planungshinweise der Handlungsempfehlungen Bayern [28] und NRW [24].

Abbildung 19: Außenfassade einer Justizvollzugsanstalt mit fluchtbegünstigender Anordnung von Fallrohr und Blitzableiter

Tabelle 4: Übersicht der bauordnungsrechtlichen Anforderungen an Außenwände auf Grundlage der MBO (Gebäudeklasse 5) sowie der Handlungsempfehlungen Bayern [28] und NRW [24]

Lfd. Nr.	Bauteile, Situation	Gesetzliche Anforderung (MBO, Nationale Norm, Euro-Norm)	Gesetzliche Grundlage	Anmerkungen/ Besonderheiten
1	Außenwände und Außenwandteile allgemein	sind so auszubilden, dass eine Brandausbreitung auf und in diesen Bauteilen ausreichend lang begrenzt ist	§ 28 (1) MBO	
2	Nichttragende Außenwände und nichttragende Teile tragender Außenwände	müssen aus nichtbrennbaren Baustoffen bestehen, A2, A2 – s1,d0 oder raumabschließend feuerhemmend sein, F 30-B, von innen nach außen: E 30 (i→o) und von außen nach innen: EI 30-ef (i←o)	§ 28 (2) MBO	Zu beachten: zusätzliche Anforderungen an Ausbruchsicherheit, Leichtbaukonstruktionen und brennbare Baustoffe sind zu vermeiden [28]

Lfd. Nr.	Bauteile, Situation	Gesetzliche Anforderung (MBO, Nationale Norm, Euro-Norm)	Gesetzliche Grundlage	Anmerkungen/ Besonderheiten
3	Oberflächen von Außenwänden sowie Außenwandbekleidungen einschließlich der Dämmstoffe und Unterkonstruktionen; Balkonbekleidungen	müssen schwerentflammbar sein sowie dürfen nicht brennend abfallen oder abtropfen, B1, –	§ 28 (3) MBO	Zu beachten: zusätzliche Anforderungen an Ausbruchsicherheit, Leichtbaukonstruktionen und brennbare Baustoffe sind zu vermeiden, Vorkehrungen gegen unerwünschte Kommunikation und Schmuggel treffen [28]
4	Außenwandkonstruktionen mit hinterlüfteten Außenwandbekleidungen sowie Doppelfassaden	sind gegen die Brandausbreitung besondere Vorkehrungen zu treffen	§ 28 (4) MBO	Zu beachten: zusätzliche Anforderungen an Ausbruchsicherheit, Leichtbaukonstruktionen und brennbare Baustoffe sind zu vermeiden, Vorkehrungen gegen unerwünschte Kommunikation, Manipulation und Schmuggel treffen [28]

4.3.4 Trennwände

Mit Verweis auf die Erläuterungen unter Abschnitt 2.4 *Aufbau und Funktionseinheiten einer Justizvollzugsanstalt* sind Trennwände nach Bauordnungsrecht sowohl für die Trennung zwischen Nutzungseinheiten als auch zwischen Nutzungseinheiten und anders genutzten Räumen, außer zu notwendigen Fluren, in der Feuerwiderstandsfähigkeit der tragenden und aussteifenden Bauteile des Geschosses auszubilden. Dies entspricht in der hier zugrunde gelegten Gebäudeklasse 5 einer feuerbeständigen Ausführung (F 90-AB/EI 90).

Die bauordnungsrechtlich erforderliche Ausbildung notwendiger Flure wird aufgrund der regelmäßig festgestellten Größe der untersuchten Nutzungseinheiten von mehr als 200 m² BGF konzeptionell unterstellt. Demnach wären die Wände zwischen den Hafträumen, zumindest ausschließlich nach Bauordnungsrecht beurteilt, ohne brandschutztechnische Anforderung ausführbar. Diesem Ansatz widersprechen jedoch die spezifischen Schutzziele von Justizvollzugsanstalten und sonstigen geschlossenen Einrichtungen des Justizvollzugs, die Verhinderung von Ausbrüchen und sonstigen Manipulationsmöglichkeiten sowie die Gefahr der Brandstiftung im Falle der Verwendung von brennbaren Baustoffen.

Unter diesen Gesichtspunkten müssen sämtliche Bauteile, die Räume und Gebäude umschließen, ohnehin in massiver, nicht brennbarer und ausbruchsicherer Bauweise ausgeführt werden. Da im Falle eines Brandes in einem Haftraum[10] die anderen Gefangenen zunächst in ihren Hafträumen verbleiben sollen, ist sicherzustellen, dass die Wände und Türen über einen längeren Zeitraum der Übertragung von Feuer und Rauch auf den angrenzenden notwendigen Flur oder auf benachbarte Hafträume standhalten. Schutzzielorientiert betrachtet, sind die Trennwände zwischen Hafträumen untereinander und zu notwendigen Fluren sowie zwischen Hafträumen und anders genutzten Räumen daher feuerbeständig (F 90-AB/EI 90) [28], mindestens jedoch feuerhemmend und aus nichtbrennbaren Baustoffen (F 30-A/EI 30) [24], auszuführen.[11] Aufgrund der in der Regel ohnehin vorhandenen massiven Bauweise wird die bauordnungsrechtliche Anforderung *feuerbeständig* größtenteils erfüllt. Für die Trennwände zum Abschluss von Räumen erhöhter Brandgefahr wie Technikräume wird auf die Festlegungen nach MBO bzw. Landesbauordnung, also feuerbeständige Wände in Kombination mit feuerhemmenden Öffnungsabschlüssen (T 30/EI_2 30-S_aC), verwiesen.

Tabelle 5 vermittelt einen zusammenfassenden Überblick über die Anforderungen an *Trennwände* gemäß MBO [2] unter Verwendung der Planungshinweise der Handlungsempfehlungen Bayern [28] und NRW [24].

Tabelle 5: Übersicht der bauordnungsrechtlichen Anforderungen an Trennwände auf Grundlage der MBO (Gebäudeklasse 5) sowie der Handlungsempfehlungen Bayern [28] und NRW [24]

Lfd. Nr.	Bauteile, Situation	Gesetzliche Anforderung (MBO, Nationale Norm, Euro-Norm)	Gesetzliche Grundlage	Anmerkungen/ Besonderheiten
1	Trennwände	müssen als raumabschließende Bauteile von Räumen oder Nutzungseinheiten innerhalb von Geschossen ausreichend lang widerstandsfähig gegen die Brandausbreitung sein	§ 29 (1) MBO	

10 Brandstiftung in einem Haftraum ist das häufigste Brandereignis in Justizvollzugsanstalten [24].

11 Der Freistaat Bayern gibt in seinen „Handlungsempfehlungen" ebenfalls eine feuerbeständige Ausführung der Zellentrennwände vor, während gemäß Punkt 3.1 „Handlungsempfehlungen NRW", die Wände der Hafträume eine Feuerwiderstandsdauer von mindestens F 30-A aufweisen sollen.

Lfd. Nr.	Bauteile, Situation	Gesetzliche Anforderung (MBO, Nationale Norm, Euro-Norm)	Gesetzliche Grundlage	Anmerkungen/ Besonderheiten
2	Trennwände sind erforderlich 1) zwischen Nutzungseinheiten sowie zwischen Nutzungseinheiten und anders genutzten Räumen, ausgenommen notwendigen Fluren, 3) zwischen Aufenthaltsräumen und anders genutzten Räumen im Kellergeschoss; Trennwände zwischen Hafträumen und zum Flur	müssen die Feuerwiderstandsfähigkeit der tragenden und aussteifenden Bauteile des Geschosses haben; feuerbeständig, F 90-AB, EI 90	§ 29 (2) und § 29 (3) MBO	Trennwände zwischen Hafträumen oder zwischen Hafträumen und anders genutzten Räumen sowie zwischen Hafträumen und Flur müssen feuerbeständig [28], mindestens jedoch feuerhemmend, und aus nichtbrennbaren Baustoffen [24] sein, Zu beachten: zusätzliche Anforderungen an Ausbruchsicherheit
3	Trennwände sind erforderlich 2) zum Abschluss von Räumen mit Explosions- oder erhöhter Brandgefahr im Sinne der MBO	müssen feuerbeständig sein, F 90-AB, EI 90	§ 29 (2) und § 29 (3) MBO	
4	Trennwand-anschluss	Trennwände sind bis zur Rohdecke, im Dachraum bis unter die Dachhaut zu führen	§ 29 (4) MBO	
5	Öffnungen in Trennwänden	müssen feuerhemmende, dicht- und selbstschließende Abschlüsse haben, T 30, EI_2 30-S_aC	§ 29 (5) MBO	Zu beachten: erhöhte Anforderung für Räume erhöhter Brandgefahr [24], [28] sowie in panoptischen Systemen, ggf. Verlust der bauaufsichtlichen Zulassung von Brandschutz-/ Rauchschutztüren aufgrund Einbau der JVA-Sonderschließung

4.3.5 Geschossdecken

Die Qualität der Decken muss in den Hafthäusern von Justizvollzugsanstalten und sonstigen geschlossenen Einrichtungen des Justizvollzugs zunächst den Forderungen gemäß Bauordnungsrecht entsprechen. Bei der hier als Bewertungsmaßstab unterstellten Gebäudeklasse 5 wäre daher eine feuerbeständige Ausführung (F 90-AB/REI 90) maßgebend.

Durch die massive Bauweise und die damit verbundenen Bauteilreserven kann die feuerbeständige Konstruktion der Geschossdecken überwiegend vorausgesetzt werden. Ausnahmen hiervon bilden jedoch beispielsweise im Bestand vorhandene Stahlsteindecken oder ähnliche Konstruktionsweisen, die erfahrungsgemäß lediglich annähernd 30 Minuten Feuerwiderstand erfüllen. Die als Stahlkonstruktion ausgeführten Galerieebenen (Abbildung 20) besitzen ohne zusätzliche Ertüchtigungsmaßnahmen keinen klassifizierten Feuerwiderstand. Im Zweifelsfall ist die tatsächliche Brandschutzqualität auf der Grundlage weiterführender Bauteiluntersuchungen zu ermitteln.

Gemäß Bauordnungsrecht sind Öffnungen in Decken, für die eine Feuerwiderstandsqualität vorgeschrieben ist, nur innerhalb derselben Nutzungseinheit mit nicht mehr als insgesamt 400 m² in nicht mehr als zwei Geschossen zulässig. Die im Bestand vorhandenen Geschossverbindungen (Abbildung 21), die die bauordnungsrechtlich höchstens zulässigen Werte regelmäßig deutlich überschreiten, beruhen historisch auf der Funktionsweise des Grundprinzips des panoptischen Systems. Im Falle eines Brandereignisses in einer Ebene der mehrgeschossigen Haftflügel besteht somit grundsätzlich die Gefahr der Übertragung von Feuer und Rauch auf andere Ebenen des Traktes sowie andere Gebäudeteile. Der Freistaat Bayern empfiehlt in vollständiger Umsetzung der bauordnungsrechtlichen Vorgaben für den Bau von Justizvollzugsanstalten, dass Geschossdecken grundsätzlich ohne Öffnungen auszuführen sind. Bei Abweichung von diesen Vorgaben sind entsprechende Kompensationsmaßnahmen zur Erreichung des bauordnungsrechtlichen Schutzziels der Personenrettung umzusetzen. Für panoptische Systeme müssen daher Möglichkeiten der wirksamen Entrauchung geschaffen werden (vgl. Abschnitt 5 – *Anwendung von Methoden des Brandschutzingenieurwesens*). Weiterhin sind die Hinweise unter Abschnitt 4.3.11 *Rettungswege* zu beachten.

Tabelle 6 vermittelt einen zusammenfassenden Überblick über die Anforderungen an *Geschossdecken* gemäß MBO [2] unter Verwendung der Planungshinweise der Handlungsempfehlungen Bayern [28] und NRW [24].

Abbildung 20: Galeriesystem mit Öffnungen in Geschossdecken, die Stahlkonstruktion der Galeriegänge erfüllt nicht die bauordnungsrechtliche Anforderung *feuerbeständig*

Abbildung 21: Haftflügel mit Öffnungen in Geschossdecken im Bereich der Flure der Hafttrakte

Tabelle 6: Übersicht der bauordnungsrechtlichen Anforderungen an Geschossdecken auf Grundlage der MBO (Gebäudeklasse 5) sowie der Handlungsempfehlungen Bayern [28] und NRW [24]

Lfd. Nr.	Bauteile, Situation	Gesetzliche Anforderung (MBO, Nationale Norm, Euro-Norm)	Gesetzliche Grundlage	Anmerkungen/ Besonderheiten
1	Decken (in Obergeschossen)	müssen als tragende und raumabschließende Bauteile zwischen Geschossen im Brandfall ausreichend lang standsicher und widerstandsfähig gegen die Brandausbreitung sein. Sie müssen feuerbeständig sein, F 90-AB, REI 90	§ 31 (1) MBO	Zu beachten: Besonderheit der offenen Geschossdecken (Galeriesysteme) bei der panoptischen Bauweise
2	Decken (für Geschosse im Dachraum)	wenn darüber Aufenthaltsräume möglich sind, müssen sie feuerbeständig sein, F 90-AB, REI 90	§ 31 (1) MBO	
3	Decken (für Geschosse im Dachraum)	müssen raumabschließend, einschließlich der sie tragenden und aussteifenden Bauteile feuerhemmend sein, wenn in Dachräumen Trennwände nur bis zur Rohdecke führen, F 30-B, REI 30	§ 29 (4) MBO	
4	Decken (im Kellergeschoss)	müssen feuerbeständig sein, F 90-AB, REI 90	§ 31 (2) MBO	
5	Decken (unter und über Räumen mit Explosions- oder erhöhter Brandgefahr)	müssen feuerbeständig sein, F 90-AB, REI 90	§ 31 (2) MBO	

Lfd. Nr.	Bauteile, Situation	Gesetzliche Anforderung (MBO, Nationale Norm, Euro-Norm)	Gesetzliche Grundlage	Anmerkungen/ Besonderheiten
6	Deckenanschluss	muss so an die Außenwand hergestellt werden, dass er den Anforderungen des Absatzes 1 Satz 1 genügt (vgl. Lfd. Nr. 1).	§ 31 (3) MBO	
7	Öffnungen in Decken	sind nur zulässig innerhalb derselben Nutzungseinheit < 400 m^2 in nicht mehr als zwei Geschossen oder wenn sie Abschlüsse mit der Feuerwiderstandsfähigkeit der Decken haben	§ 31 (4) MBO	Geschossdecken müssen nach [28] öffnungslos sein. In panoptischen Systemen oder Galeriesystemen sind besondere Vorkehrungen für sichere Evakuierung und die Entrauchung zu treffen. [24], [28]

4.3.6 Dächer

Zur Realisierung des Schutzzieles der Verhinderung von Ausbrüchen sind spezielle Sicherungen von Dachöffnungen und sonstigen Schwachstellen vorzusehen. Weitere spezielle Belange und Besonderheiten über das Schutzniveau des Bauordnungsrechts hinaus müssen für Justizvollzugsanstalten und sonstige geschlossene Einrichtungen des Justizvollzugs nicht berücksichtigt werden. Unberührt davon bleiben erhöhte Anforderungen aus Sonderbaurichtlinien (z. B. Versammlungsstättenverordnung).

Tabelle 7 vermittelt einen zusammenfassenden Überblick über die Anforderungen an *Dächer* gemäß MBO [2] unter Verwendung der Planungshinweise der Handlungsempfehlungen Bayern [28] und NRW [24].

Tabelle 7: Übersicht der bauordnungsrechtlichen Anforderungen an Dächer auf Grundlage der MBO (Gebäudeklasse 5) sowie der Handlungsempfehlungen Bayern [28] und NRW [24]

Lfd. Nr.	Bauteile, Situation	Gesetzliche Anforderung (MBO, Nationale Norm, Euro-Norm)	Gesetzliche Grundlage	Anmerkungen/ Besonderheiten
1	Bedachungen	müssen gegen Brandbeanspruchung von außen durch Flugfeuer und strahlende Wärme ausreichend lang widerstandsfähig sein (harte Bedachung), widerstandsfähig gegen Flugfeuer und strahlende Wärme, BROOF (t1)	§ 32 (1) MBO	
2	Lichtdurchlässige Teilflächen aus brennbaren Baustoffen	sind zulässig, wenn eine Brandentstehung bei einer Brandbeanspruchung von außen durch Flugfeuer und strahlende Wärme nicht zu befürchten ist	§ 32 (4) MBO	
3	Begrünte Bedachungen	sind zulässig, wenn eine Brandentstehung bei einer Brandbeanspruchung von außen durch Flugfeuer und strahlende Wärme nicht zu befürchten ist	§ 32 (4) MBO	
4	Dachaufbauten, lichtdurchlässige Bedachungen, Dachflächenfenster, Lichtkuppeln, Oberlichte und Solaranlagen	sind so anzuordnen und herzustellen, dass Feuer nicht auf andere Gebäudeteile und Nachbargrundstücke übertragen werden kann	§ 32 (5) MBO	Sicherungen von Öffnungen gegen Manipulation und Ausbruch [46]
5	Dachflächenfenster, Oberlichte, Lichtkuppeln und Öffnungen in der Bedachung	müssen mindestens 1,25 m von Brandwänden entfernt sein, wenn diese Wände nicht mindestens 30 cm über die Bedachung geführt sind	§ 32 (5), Nr. 1 MBO	

Lfd. Nr.	Bauteile, Situation	Gesetzliche Anforderung (MBO, Nationale Norm, Euro-Norm)	Gesetzliche Grundlage	Anmerkungen/ Besonderheiten
6	Solaranlagen, Dachgauben und ähnliche Dachaufbauten aus brennbaren Baustoffen	müssen mindestens 1,25 m von Brandwänden entfernt sein, wenn sie nicht durch diese Wände gegen Brandübertragung geschützt sind	§ 32 (5), Nr. 2 MBO	
7	Dächer von Anbauten	die an Außenwände mit Öffnungen oder ohne Feuerwiderstandsfähigkeit anschließen, müssen innerhalb eines Abstands von 5 m als raumabschließende Bauteile für eine Brandbeanspruchung von innen nach außen einschließlich der sie tragenden und aussteifenden Bauteile die Feuerwiderstandsfähigkeit der Decken haben; feuerbeständig, F 90-AB, R 90	§ 32 (7) MBO	
8	Dachtragwerk	Keine Anforderungen gemäß Bauordnung	–	Zu beachten: weitergehende Anforderungen nach Sonderbaurichtlinien (z. B. Versammlungsstättenverordnung)

4.3.7 Öffnungen in raumabschließenden Bauteilen (Feuerschutz- und Rauchschutzabschlüsse)

Die besondere Herausforderung an die Entwicklung und Herstellung von Türen in Justizvollzugsanstalten und sonstigen geschlossenen Einrichtungen des Justizvollzugs besteht darin, dass unterschiedliche Funktionen wie die einbruch- und ausbruchhemmende Ausführung (z. B. WK3/RC3) mit brandschutztechnischen Anforderungen (z. B. T 30-RS/EI_2 30 S_{200}C) unter Berücksichtigung der speziellen Schließsysteme in Einklang gebracht werden müssen. Die brandschutztechnischen Anforderungen an Türen sind zunächst die gemäß MBO [2] definierten Qualitäten. Zusätzlich sind die Besonderheiten des Nutzungsschwerpunktes Justizvollzug zu beachten. Aufgrund des spezifischen Anforderungsprofils ist ein Großteil der Türen im Verlauf von Rettungswegen mechanisch verriegelt. Daraus resultierend können sich Personen innerhalb einer Justizvollzugsanstalt bzw. innerhalb sonstiger geschlossener Einrichtungen des Justizvollzugs (Gefangene, Besucher, Mitarbeiter von Fremdfirmen usw.) im Falle eines Brandereignisses nur mithilfe eines JVA-Bediensteten retten. Der organisatorische Brandschutz nimmt somit in einer Justizvollzugsanstalt und in sonstigen geschlossenen Einrichtungen des Justizvollzugs eine besondere Rolle ein.

Erschwerend kommt bei einer Bestandserfassung und der damit verbundenen Brandschutzbewertung der vorhandenen Türqualitäten hinzu, dass eine Kennzeichnung der Türen mit einer entsprechenden Brandschutz- bzw. Rauchschutzklassifizierung, auch bei den im Zuge von Sanierungsmaßnahmen bereits erneuerten Türen, erfahrungsgemäß weitestgehend nicht vorhanden ist. Bei der Bewertung im Bestand vorhandener Türen (z. B. Objektschutztüren bzw. Sicherheitsstahltüren zwischen notwendigem Flur und notwendigem Treppenraum) kann nicht ohne Weiteres eingeschätzt werden, ob es sich um eine Tür mit Brandschutz- bzw. Rauchschutzfunktion handelt, auch wenn die Türen über dreiseitig umlaufende Dichtungen sowie eine absenkbare Bodendichtung verfügen. Eine verlässliche Aussage zur tatsächlichen Türqualität ist somit oftmals erst nach Auswertung der Revisionsunterlagen, insofern verfügbar, durch den Brandschutzsachverständigen möglich.

Ein weiteres JVA-typisches Problem besteht darin, dass sich die JVA-Sonderschließungen (Hochsicherheitsschlösser) oftmals nicht mit den Anforderungen der bauaufsichtlichen Verwendbarkeitsnachweise der jeweiligen Feuerschutzabschlüsse vereinbaren lassen. Im Zuge der Umsetzung des Sicherheitskonzeptes der Justizvollzugsanstalt werden in der Regel die ursprünglichen Schlösser bzw. Schlosskästen, die Gegenstand der bauaufsichtlichen Prüfung waren, entfernt und durch das entsprechende Schließsystem der Justizvollzugsanstalt ersetzt. Durch diese Veränderungen verlieren diese Türen unter Umständen ihren bauaufsichtlichen Verwendbarkeitsnachweis, unabhängig davon, ob die Tür nach erfolgtem Umbau einen tatsächlichen Mangel aufweist oder nicht. Derzeit verfügen lediglich JVA-Sonderschlösser einzelner Hersteller über einen bauaufsichtlichen Verwendbarkeitsnachweis zur Verwendung für 1-flügelige Sondertüren in Brandschutz- oder Rauchschutzausführung.[12]

12 Vgl. z. B. allgemein bauaufsichtliches Prüfzeugnis Nr. P-120003403 vom 23.11.2009, Sonderschlösser „STUV HSL-105“ des Herstellers Steinbach & Vollmann GmbH & Co. KG, Materialprüfungsamt Nordrhein-Westfalen.

Dabei gilt folgender Grundsatz hinsichtlich der Verwendung von Bauarten und von Bauprodukten:

Bauarten, die von Technischen Baubestimmungen nach § 85 a Absatz 2 Nr. 2 oder Nr. 3 Buchstabe a) MBO wesentlich abweichen oder für die es allgemein anerkannte Regeln der Technik nicht gibt, dürfen gemäß § 16a MBO bei der Errichtung, Änderung und Instandhaltung baulicher Anlagen nur angewendet werden, wenn für sie eine allgemeine Bauartgenehmigung durch das Deutsche Institut für Bautechnik oder eine vorhabenbezogene Bauartgenehmigung durch die oberste Bauaufsichtsbehörde des jeweiligen Bundeslandes erteilt worden ist.

Bauprodukte bedürfen entsprechend der Musterbauordnung bzw. der jeweiligen Landesbauordnung eine Zustimmung der obersten Bauaufsichtsbehörde im Einzelfall, wenn es keine Technische Baubestimmung und keine allgemein anerkannte Regel der Technik gibt oder das Bauprodukt von einer Technischen Baubestimmung nach § 85a Abs. 2 Nr. 3 MBO wesentlich abweicht.

Die Instrumente für eine Verwendung von Bauarten und Bauprodukten, für die es keine allgemein anerkannte Regel der Technik gibt oder die von den Technischen Baubestimmungen abweichen, sind somit eine vorhabenbezogene Bauartgenehmigung (vBG) für Bauarten bzw. eine Zustimmung im Einzelfall (ZiE) für Bauprodukte.

Die praktische Umsetzung dieser Instrumente gestaltet sich jedoch in der Praxis aus organisatorischen Gründen sowie unter wirtschaftlichen Aspekten meistens als aufwändig umsetzbar. Die Zustimmung im Einzelfall wäre ohnehin nur für das jeweilige konkrete Bauvorhaben gültig.

Bauprodukte bedürfen gemäß § 21 MBO einer Bestätigung ihrer Übereinstimmung mit den Technischen Baubestimmungen nach § 85a Absatz 2 MBO, den allgemeinen bauaufsichtlichen Zulassungen, den allgemeinen bauaufsichtlichen Prüfzeugnissen oder den Zustimmungen im Einzelfall. Als Übereinstimmung gilt auch eine Abweichung, die nicht wesentlich ist. Die Bestätigung der Übereinstimmung erfolgt durch Übereinstimmungserklärung des Herstellers.

Hierbei sind die Randbedingungen für zulässige Änderungen bei Feuerschutzabschlüssen nach [47] zu beachten.

Im nachfolgenden Abschnitt werden schwerpunktmäßig Türarten hinsichtlich ihrer Anforderungen näher erläutert, die bei der Bewertung von Justizvollzugsanstalten und sonstigen geschlossenen Einrichtungen des Justizvollzugs relevant sind.

Türen zu Hafträumen

Als Haftraumtüren werden nachfolgend verallgemeinernd die Türen zu den Unterkunftsräumen von Hafträumen oder von Patientenzimmern (im Maßregelvollzug bzw. in Haftkrankenhäusern) bezeichnet. Grundsätzlich handelt es sich bei den Haftraumtüren im Normalfall um Türen im Verlauf von notwendigen Fluren. Gemäß MBO [2] besteht somit zunächst die Anforderung *dichtschließend.* Gemäß Anhang 4, Abschnitt 5.4 MVV TB (Muster-Verwaltungsvorschrift Technische Baubestimmung) [3] gelten als *dichtschließende* Türen, wenn sie formstabile Türflügel haben und mit dreiseitig umlaufenden dauerelastischen Dichtungen ausgestattet sind, die aufgrund ihrer Form (Lippen-/Schlauchdichtung) und des Dichtungsweges bei geschlossenen Türen nach dem Einbau sowohl an den Zargen als auch an den Türflügeln anliegen. Anzumerken ist, dass sich Haftraumtüren aufgrund ihrer bestimmungsgemäßen Nutzung im Regelfall in einem geschlossenen Zustand befinden und damit praktisch die bauaufsichtliche Schutzzielanforderung an eine dicht- und selbstschließende Tür erfüllt wird. Diese Eigenschaft unterscheidet sie grundsätzlich von anderen dichtschließenden Türen (z. B. Bürotüren), die nicht zwingend ständig geschlossen sein müssen. Nach [24] (Pkt. 5.4) sollen die Haftraumtüren eine Ausbreitung von Rauch und Feuer aus einem brennenden Haftraum in die Flure sowie den Raucheintrag in die nicht vom Brand betroffenen Hafträume bzw. Patientenzimmer weitestgehend behindern. Weiterhin wird aus der Erfahrung verschiedener Brandereignisse festgestellt, dass die im Bestand vorhandenen massiven Holz- oder Stahltüren „diese Anforderungen in vielen Fällen bauartbedingt bereits heute auch ohne weitere bauliche Maßnahmen“ erfüllen, „ein hohes Maß an Sicherheit bieten und den Anforderungen an eine T 30-RS-Tür nahe kommen“ [24]. Voraussetzung für die Einhaltung der Schutzziele ist, dass Öffnungen in Haftraumtüren, wie beispielsweise Kostklappen, mit Ausnahme betriebsbedingter Erfordernisse im Gebrauchszustand geschlossen gehalten werden.

Zusammenfassend können als Mindeststandard für die brandschutztechnischen Anforderungen an Haftraumtüren zusätzlich zu den sicherheitstechnisch ohnehin erforderlichen Qualitäten bei Einhaltung der nach Bauordnungsrecht geforderten Randbedingungen (z. B. Ausbildung von notwendigen Fluren usw.) die „Empfehlungen des Freistaates Bayern“ [28] mit den Qualitäten *dicht, vollwandig oder aus nichtbrennbaren Baustoffen und ohne Hohlräume sowie an drei Seiten einfach gefälzt,* festgelegt werden. Bei Justizvollzugsanstalten der panoptischen Bauweise und den mit diesem Bausystem verbundenen brandschutztechnischen Defiziten muss im Rahmen eines ganzheitlichen Brandschutzkonzeptes die Einhaltung der bauordnungsrechtlichen Schutzziele durch geeignete Kompensationsmaßnahmen nachgewiesen werden. Der Einbau von feuerhemmenden Haftraumtüren mit Rauchschutzfunktion nach DIN 18095-1: 1988-10 (T 30-RS/EI_2 30-S_{200}C) stellt eine geeignete und angemessene Kompensationsmaßnahme zur Erfüllung der Schutzziele nach Bauordnungsrecht dar.

Tabelle 8 vermittelt einen Überblick über die Anforderungen an Haftraumtüren im Vergleich zwischen MBO [2], den Handlungsempfehlungen Bayern [28] und NRW [24] sowie der Österreichischen TRVB 160 N 11 [25].

Tabelle 8: Anforderungen an Haftraumtüren im Vergleich

Anforderung nach MBO [2]	Vergleich Empfehlungen Freistaat Bayern [28]	Vergleich Empfehlungen NRW [24]	Vergleich TRVB 160 N 11 [25]
Dichtschließend (§ 36 (4) MBO)	Dicht, vollwandig oder aus nichtbrennbaren Baustoffen und ohne Hohlräume, an drei Seiten einfach gefälzt, Fuge am unteren Rand max. 8 mm	„... sollen möglichst lange rauchdicht sein und auch über einen gewissen Zeitraum einem Brand widerstehen" (ggf. nachträgliche bauliche Maßnahmen erforderlich, in Bezug auf den Rauchdurchtritt im Bereich der Fugen zwischen Türfutter und Tür, wie z. B. nachträglicher Einbau dreiseitig umlaufender Dichtungen sowie einer absenkbaren Bodendichtung)	„... sind zumindest als Rauchabschlusstüren (E 30) oder sicherheitstechnisch gleichwertig auszuführen"

Die vorgenannten Anforderungen werden bei bestehenden Justizvollzugsanstalten oftmals nicht erfüllt (Abbildung 22 und Abbildung 23). Die vorhandenen Defizite sind im Wesentlichen auf die historische und zum Teil denkmalgeschützte Bausubstanz zurückzuführen. Bestandsschutz kann bezüglich der Türqualitäten nicht vorbehaltlos geltend gemacht werden, da die brandschutztechnische Klassifizierung der Haftraumtüren einen zentralen Schwerpunkt der aufzustellenden Brandschutzkonzepte bildet. Unter prinzipieller Würdigung des Bestandsschutzes sowie unter Berücksichtigung denkmalpflegerischer Belange bestehen jedoch aus Sicht der Risikobetrachtung keine brandschutztechnischen Bedenken gegen die weitere Nutzung der Haftraumtüren in massiver Holzausführung im Bestand, unter der Voraussetzung, dass zumindest eine brandschutztechnische Aufwertung auf die bauordnungsrechtliche Anforderung *dichtschließend*, beispielsweise durch den nachträglichen Einbau einer dreiseitigen umlaufenden Dichtung, erfolgt (vgl. Abbildung 24 und Abbildung 25) und die Ausbildung notwendiger Flure nach Bauordnungsrecht gegeben ist.

Abbildung 22: Beispiel einer historischen denkmalgeschützten Haftraumtür, die bauordnungsrechtliche Anforderung dichtschließend wird nicht erfüllt (aufgrund fehlender Dichtungsgummis)

Abbildung 23: Detail historische Haftraumtür (fehlende Dichtungsgummis)

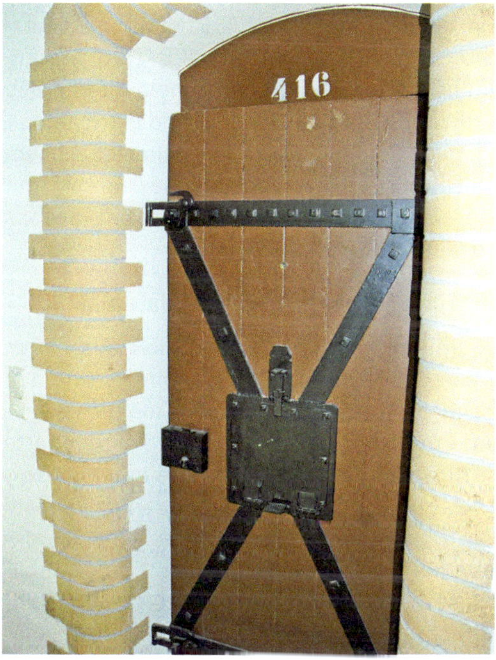

Abbildung 24: Beispiel einer historischen denkmalgeschützten Haftraumtür, die bauordnungsrechtliche Anforderung dichtschließend wird durch nachträgliche Ertüchtigungsmaßnahmen (Einbau von Dichtungsgummis) erfüllt

Abbildung 25: Detail historische Haftraumtür, die durch den nachträglichen Einbau von Dichtungsgummis auf die Anforderung dichtschließend ertüchtigt wurde

Bei der Erstellung des Brandschutzkonzeptes sind weiterhin die speziellen Vorgaben der Justizministerien der jeweiligen Bundesländer und teilweise auch der betreffenden Justizvollzugsanstalten zu beachten. Über die vorgenannten Qualitäten hinaus können im Einzelfall weitere Anforderungen gestellt werden. Unter schutzzielorientierten Gesichtspunkten kann es auch sinnvoll sein, eine Haftraumtür mit der nicht klassifizierten Bauteilqualität „T15“ im Brandschutzkonzept festzulegen. Diese Türen (z. B. Zellen-Gewahrsamstür „T15 Teckentrup“, vgl. Abbildung 26 und Abbildung 27) erfüllen die Richtlinien für den Bau von Polizeigewahrsam des Landes NRW und sind auf 15-minütige Entriegelbarkeit von außen bei Brandeinwirkung nach den Richtlinien des Landes Sachsen-Anhalt durch die Materialprüfanstalt Braunschweig geprüft. Die Tür verformt sich bei Brandeinwirkung über einen Zeitraum von 15 Minuten nicht, sodass die Schließfunktion über diesen Zeitraum gewahrt bleibt. [48]

→ Praxisbeispiel: Feuerwiderstandsprüfung einer historischen Haftraumtür

Die Haftraumtüren sollen eine Ausbreitung von Rauch und Feuer aus einem brennenden Haftraum in die Flure bzw. außerhalb des Haftraumes sowie den Raucheintrag in die nicht vom Brand betroffenen Hafträume möglichst verhindern. Auf diesem wesentlichen Grundsatz beruhen schutzzielorientierte Brandschutzkonzepte von Justizvollzugsanstalten, insbesondere unter Berücksichtigung der panoptischen Bauweise und der damit verbundenen Vielzahl von materiellen Abweichungen vom Bauordnungsrecht. Mittels einer in der Materialprüfanstalt Dresden durchgeführten Feuerwiderstandsprüfung (Abbildung 28 und Abbildung 29) einer historischen Haftraumtür (Herstellungsjahr ca. 1936) konnte der Nachweis erbracht werden, dass der vorhandene Feuerwiderstand annähernd mit 30 Minuten bewertet werden kann. [49]

Abbildung 26: Moderne Haftraumtür

Abbildung 27: Moderne Haftraumtür mit JVA-Sonderschließung

Abbildung 28: Historische Haftraumtür im Prüfstand einer Materialprüfanstalt (Wattebauschtest)

Abbildung 29: Historische Haftraumtür im Prüfstand einer Materialprüfanstalt mit Temperaturfühlern

Abbildung 30: Historische Haftraumtür mit Rauchschutz-Nachrüst-System (nachgerüstete absenkbare Bodendichtung)

Abbildung 31: Historische Haftraumtür mit Rauchschutz-Nachrüst-System (nachgerüstetes Klemmprofil mit Silikon-Rauchschutzdichtung)

Im Vorfeld einer Prüfung ist zwischen den an der Planung Beteiligten abzustimmen, ob die Prüfung nach DIN 4102-2:1977-09 unter Verwendung der Einheits-Temperaturzeitkurve (ETK) nach DIN 4102-5:1977-09 [50] oder nach europäischer Normung nach DIN EN 1634-1:2018-04 [51] in Verbindung mit DIN EN 1363-1:2020-05 [52] erfolgen soll. Mit der „Richtlinie Haftraumtüren und Türen für Verwahrungsräume“ [53] wurde durch die PTE Rosenheim GmbH erstmals versucht, eine einheitliche Prüf- und Planungsgrundlage für Haftraumtüren zu schaffen.

Die Anforderungen bzgl. der Rauchschutzfunktion wurden im vorliegenden Beispiel im Bestand aufgrund fehlender Dichtungen nicht erfüllt. Die Verbesserung der Rauchdichtigkeit war jedoch ein wesentlicher Bestandteil des Brandschutzkonzeptes. Die in der Materialprüfanstalt bewertete Haftraumtür wurde daher im Zusammenhang mit einem Nachrüst-Rauchschutz-System für 1-flügelige Bestandstüren (Abbildung 30 und Abbildung 31), bestehend aus einer absenkbaren Bodendichtung sowie dreiseitig umlaufend an der Zarge montierten Klemmprofilen mit Silikon-Rauchschutzdichtung [54], geprüft. Für das Nachrüst-Rauchschutz-System liegt ein Gutachten des Materialprüfungsamtes Nordrhein-Westfalen [55] sowie eine Gutachterliche Stellungnahme von Prof. Dr.-Ing. Jürgen Wesche [56] vor. Die Gutachten bescheinigen, dass unter den dort aufgeführten Rahmenbedingungen die Anforderungen an den Rauchschutz nach Reihe DIN 18095 [57] hinsichtlich Dichtheit des Abschlusses erfüllt werden. Die Gutachten stellen jedoch keinen baurechtlichen Nachweis für eine Rauchschutztür nach DIN 18095-1:1988-10 im Sinne der Muster-Verwaltungsvorschrift Technische Baubestimmungen (Ausgabe 2021/1) [3] und der Normung dar. Gemäß Einschätzung der an der Planung Beteiligten konnte auf die Beantragung einer Zustimmung im Einzelfall verzichtet werden, da im Zuge der erfolgreichen Feuerwiderstandsprüfung durch das Materialprüfungsamt im

Zusammenhang mit dem Nachrüst-Rauchschutz-System der Nachweis über die Erfüllung der im Brandschutzkonzept festgelegten Schutzziele für die historischen Haftraumtüren ausreichend erbracht werden konnte.

Türen zu Räumen besonderer Art und Nutzung

Räume mit erhöhter Brandgefahr, wie beispielsweise elektrische Betriebsräume und sonstige Technikräume, Notstromaggregaträume, Batterieräume, Klima- und Lüftungszentralen und Lagerräume, sind aufgrund der erhöhten Brandlasten bzw. des erhöhten Brandentstehungsrisikos konsequent mittels feuerbeständiger Wände (F 90-AB/EI 90) und feuerhemmender Abschlüsse mit Rauchschutzfunktion nach DIN 18095-1:1988-10 (T 30-RS/EI_2 30-S_{200}C) entsprechend [24] abzutrennen. Im Bestand von diesen Festlegungen abweichende Bauteilqualitäten sind durch geeignete Maßnahmen (z. B. mittels Brandmeldeanlage) zu kompensieren (Abbildung 32).

Abbildung 32: Beispiel Technikraum: Überwachung mittels Brandmeldeanlage als mögliche Kompensation einer im (denkmalgeschützten) Bestand nicht gegebenen Türqualität T 30-RS/EI_2 30-S_{200}C

Abbildung 33: Tür ohne qualifizierten Feuerwiderstand und ohne Rauchschutzfunktion zu einer Küche im Verlauf eines Haftflures

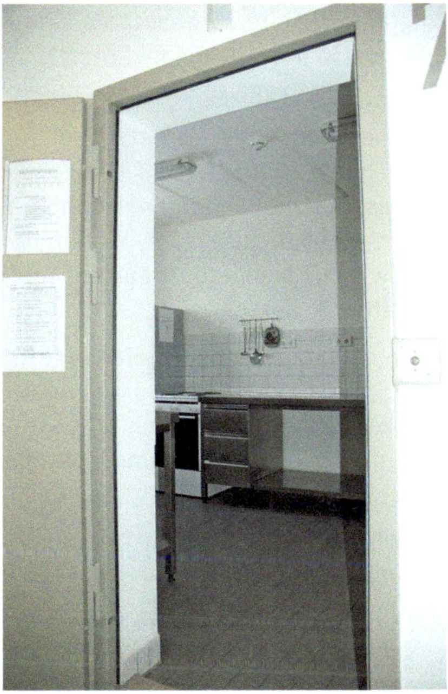

Abbildung 34: Mittels Brandmeldeanlage überwachte Küche in einem Hafttrakt

Einer gesonderten Betrachtung bedürfen mögliche, oftmals im Bereich der Haftflure angeordnete Küchen (Abbildung 33 und Abbildung 34). Diese stehen den Gefangenen zur freien Nutzung zur Verfügung, zumindest während der Aufschlusszeiten. Aufgrund des daraus resultierenden erhöhten Brandentstehungsrisikos sowie der Gefahr der Manipulation durch Gefangene sind die Türen zu den notwendigen Fluren, wie zuvor beschrieben, als feuerhemmende Abschlüsse mit Rauchschutzfunktion nach DIN 18095-1:1988:10 (T 30-RS/EI_2 30-S_{200}C) auszubilden. Falls dies im Bestand nicht möglich ist, muss eine mindestens *vollwandige, dicht- und selbstschließende* Tür durch Einbeziehung des Raumes in den Überwachungsbereich einer Brandmeldeanlage kompensiert werden (Abbildung 34). Dadurch können ein mögliches Brandereignis durch die Sicherheitszentrale frühzeitig erkannt und entsprechende Maßnahmen eingeleitet werden.

Folgende weitere Türqualitäten sind bei der Bewertung von Unterkunftsgebäuden von Justizvollzugsanstalten und sonstigen geschlossenen Einrichtungen des Justizvollzugs zu berücksichtigen:

- Feuerhemmende, selbstschließende Türelemente mit Rauchschutzfunktion nach DIN 18095-1:1988-10 (T 30-RS/EI_2 30-S_{200}C) gemäß § 35 (6) MBO:
  zwischen notwendigen Treppenräumen und Kellergeschossen, nicht ausgebauten Dachräumen, Werkstätten, Läden, Lager- und ähnlichen Räumen sowie zu sonstigen Räumen und Nutzungseinheiten mit einer Fläche von mehr als 200 m^2
- Selbstschließende Türelemente mit Rauchschutzfunktion nach DIN 18095 (RS/S_{200}C) gemäß §§ 35 (6) und 36 (3) MBO:
  zwischen notwendigen Treppenräumen und notwendigen Fluren sowie als Rauchabschnittstrennung im Verlauf von notwendigen Fluren
- Dicht- und selbstschließende Türelemente gemäß § 35 (6) MBO:
  zwischen notwendigen Treppenräumen und zu sonstigen Räumen und Nutzungseinheiten
- Feuerbeständige, dicht- und selbstschließende Türelemente (T 90/EI_2 90-S_aC) gemäß § 30 (8) MBO:
  in inneren Brandwänden

Allgemeine Hinweise zu Türen

Unter Beachtung der nutzungsspezifischen Besonderheiten, wonach brandschutztechnisch relevante Türen in Justizvollzugsanstalten auch gleichzeitig das Schutzziel der Aus- und Einbruchsicherheit erfüllen müssen, entstehen in der Praxis durch diese notwendige Doppelfunktion aufgrund des Dauerbetriebes bzw. der erhöhten Schließfrequenz häufig hohe Verschleißerscheinungen. Eine mögliche Lösung des Problems ist eine Funktionstrennung der Türanforderungen *Brandschutz* und *Sicherheit* auf zwei Einzeltüren, wobei die Tür mit Brandschutzanforderung mittels zugelassener Feststellanlage im Normalbetrieb in Offenstellung gehalten werden kann (Abbildung 35 und Abbildung 36). Ein weiterer Vorteil einer derartigen Ausführung besteht darin, dass die Zulassung für die Tür mit Brandschutz- und Rauchschutzfunktion aufgrund des sonst allgemein notwendigen Einbaus der JVA-Sonderschließung nicht verloren geht.

Abbildung 35: Lösungsvariante für die Trennung von Türfunktionen am Beispiel einer T 90/EI_2 90-S_aC-Tür im Verlauf einer inneren Brandwand (Tür links mit JVA-Schließung zur Sicherstellung des Schutzziels *Ausbruchsicherheit*, im Normalbetrieb geschlossen; Tür rechts zur Umsetzung der Brandschutzfunktion, im Normalbetrieb durch Feststellanlage in Offenstellung gehalten)

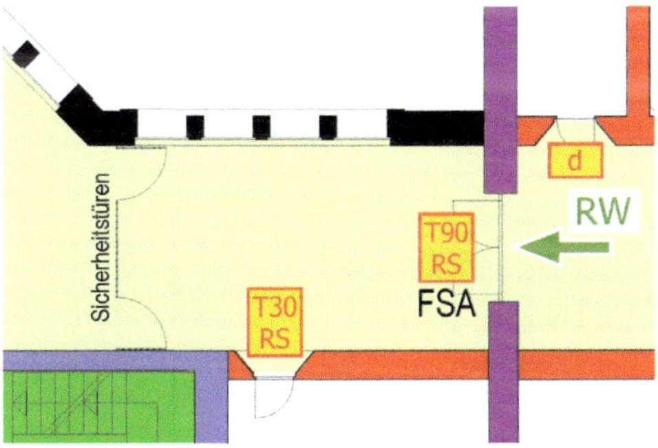

Abbildung 36: Lösungsvariante für die Trennung von Türfunktionen am Beispiel einer T 90-RS/EI_2 90-S_{200}C-Tür im Verlauf einer inneren Brandwand mit gleichzeitiger Rauchschutztrennung (links Sicherheitstüren, im Normalbetrieb geschlossen, zur Sicherstellung des Schutzziels *Ausbruchsicherheit*; Tür rechts, im Normalbetrieb durch Feststellanlage in Offenstellung gehalten, zur Umsetzung der Brand- und Rauchschutzfunktion)

Verzicht auf Selbstschließfunktion von Brandschutz- und Rauchschutzabschlüssen

Nach MBO [2] müssen Abschlüsse mit Anforderungen an den Feuerwiderstand oder an die Rauchschutzfunktion in Öffnungen selbstschließend ausgeführt werden. Diese bauordnungsrechtlichen Vorgaben stehen aufgrund der damit verbundenen Einschränkungen bei sogenannten Durchgangstüren oder beispielsweise bei Dienstzimmern im Widerspruch zu den vollzugstechnischen Abläufen. Da die betreffenden Türen im *Betriebszustand geschlossen* sind, kann nach [24] auf die Selbstschließfunktion durch die Inanspruchnahme einer Erleichterung nach § 51 MBO [2] verzichtet werden, da die bauordnungsrechtlichen Schutzziele auf andere Weise (Kontrollfunktion in Verantwortlichkeit des Dienstpersonals) erfüllt werden.

Tabelle 9 vermittelt einen zusammenfassenden Überblick über die Anforderungen an *Feuerschutz- und Rauchschutzabschlüsse* gemäß MBO [2] unter Verwendung der Planungshinweise der Handlungsempfehlungen Bayern [28] und NRW [24].

Tabelle 9: Übersicht der bauordnungsrechtlichen Anforderungen an Feuerschutz- und Rauchschutzabschlüsse auf Grundlage der MBO (Gebäudeklasse 5) sowie der Handlungsempfehlungen Bayern [28] und NRW [24]

Lfd. Nr.	Bauteile, Situation	Gesetzliche Anforderung (MBO, Nationale Norm, Euro-Norm)	Gesetzliche Grundlage	Anmerkungen/ Besonderheiten
1	Öffnungen in Trennwänden nach Bauordnung und zu Räumen erhöhter Brandgefahr	müssen feuerhemmende, dicht- und selbstschließende Abschlüsse haben, T 30, EI_2 30-S_aC	§ 29 (5) MBO	
2	Öffnungen in inneren Brandwänden	müssen feuerbeständige, dicht- und selbstschließende Abschlüsse haben, T 90/ F 90, EI_2 90-S_aC/ EI 90	§ 30 (8) MBO	

Lfd. Nr.	Bauteile, Situation	Gesetzliche Anforderung (MBO, Nationale Norm, Euro-Norm)	Gesetzliche Grundlage	Anmerkungen/ Besonderheiten
3	Öffnungen in notwendigen Treppenräumen: 1) zu Kellergeschossen, zu nicht ausgebauten Dachräumen, Lager- und ähnlichen Räumen sowie zu sonstigen Räumen und Nutzungseinheiten mit einer Fläche von mehr als 200 m²	müssen mindestens feuerhemmende, rauchdichte und selbstschließende Abschlüsse haben, T 30-RS, EI_2 30-S_{200}C	§ 35 (6) MBO	ggf. Verlust der bauaufsichtlichen Zulassung aufgrund Einbau der JVA-Sonderschließung
4	Öffnungen in notwendigen Treppenräumen: 2) zu notwendigen Fluren	müssen rauchdichte und selbstschließende Abschlüsse haben, RS, S_{200}C (nach DIN 18095-1: 1988-10)	§ 35 (6) MBO	ggf. Verlust der bauaufsichtlichen Zulassung aufgrund Einbau der JVA-Sonderschließung
5	Öffnungen in notwendigen Treppenräumen: 3) zu sonstigen Räumen und Nutzungseinheiten	müssen mindestens dicht- und selbstschließende Abschlüsse haben, –, S_aC	§ 35 (6) MBO	
6	Notwendige Flure (Rauchabschnittsbildung)	sind durch nicht abschließbare, rauchdichte und selbstschließende Abschlüsse in Rauchabschnitte, nicht länger als 30 m, zu unterteilen, RS, S_{200}C	§ 36 (3) MBO	
7	Türen in Wänden von notwendigen Fluren	müssen dicht schließen, –, –	§ 36 (4) MBO	Zu beachten: erhöhte Anforderungen an Haftraumtüren nach [24], [28]; Haftraumtüren in panoptischen Systemen schutzzielorientiert als T 30-RS/EI_2 30-S_{200}C

Lfd. Nr.	Bauteile, Situation	Gesetzliche Anforderung (MBO, Nationale Norm, Euro-Norm)	Gesetzliche Grundlage	Anmerkungen/ Besonderheiten
8	Türen in Wänden von notwendigen Fluren	müssen zu Lagerbereichen im Kellergeschoss feuerhemmende, dicht- und selbstschließende Abschlüsse haben, T 30, EI_2 30-S_aC	§ 36 (4) MBO	Anforderung: T 30-RS/ EI_2 30-$S_{200}C$ nach [24]

4.3.8 Notwendige Flure

Gemäß § 36 MBO müssen notwendige Flure innerhalb von Nutzungseinheiten mit einer BGF von mehr als 200 m² bzw. von Nutzungseinheiten, die einer Büro- und Verwaltungsnutzung dienen, mit einer BGF größer als 400 m² wirkungsvoll ausgebildet werden. Die Wände notwendiger Flure sind dabei mindestens in feuerhemmender Qualität (zu beachten: höhere Anforderungen nach ([24], [28], vgl. Tabelle 10, Lfd. Nr. 5) auszuführen und bis an die Rohdecke zu führen (alternativ: feuerhemmende Unterhangdecke). Die Türen zu notwendigen Fluren sind *dichtschließend* auszubilden (Abbildung 37). Die spezifischen Besonderheiten zu *Öffnungen in raumabschließenden Bauteilen* gemäß Abschnitt 4.3.7 sind zu beachten.

Abbildung 37: Notwendiger Flur eines Hafttraktes mit modernen *dichtschließenden* Haftraumtüren

Bei Justizvollzugsanstalten und sonstigen geschlossenen Einrichtungen handelt es sich eindeutig nicht um eine Büro- und Verwaltungsnutzung. Aufgrund der im Bestand vorhandenen Nutzungseinheiten mit einer Größe von in der

Regel größer als 200 m² ist die Ausbildung von notwendigen Fluren gemäß MBO [2] erforderlich. Die notwendigen Flure sind durch nichtabschließbare, rauchdichte und selbstschließende Abschlüsse (RS/S_{200}C) in Rauchabschnitte mit einer maximalen Länge von 30 m zu unterteilen (Abbildung 38).

Abbildung 38: Notwendiger Flur mit Rauchabschnittsbildung mittels Rauchschutztür (RS/S_{200}C)

Die typischen Flurerweiterungen, konzipiert für Aufenthaltsbereiche mit Sitzgruppen (Abbildung 39), sind mit Einrichtungsgegenständen aus nichtbrennbaren Materialien auszustatten. Aufsichtsbereiche mit üblicher Büroausstattung für das Justizvollzugspersonal, die im Verlauf notwendiger Flure integriert werden sollen, müssen brandschutztechnisch in feuerhemmender Bauweise (bei Verglasungen in Qualität F 30/EI 30) abgetrennt werden (Abbildung 40).

Abbildung 39: Notwendiger Flur eines Hafttraktes mit Flurerweiterung mit Möbeln aus nichtbrennbaren Materialien

Abbildung 40: Notwendiger Flur eines Hafttraktes mit brandschutztechnisch abgetrenntem Aufsichtsbereich

Bei den historischen Anstalten der panoptischen Bauweise ist eine konsequente Umsetzung der bauordnungsrechtlichen Anforderungen an notwendige Flure aufgrund der Baukonstruktion nicht gegeben (Abbildung 41) und aus vollzugstechnischen Gesichtspunkten nicht gewünscht. Eine nachträgliche Realisierung von notwendigen Fluren nach Bauordnungsrecht ist prinzipiell möglich (z. B. Verschließen der Geschossdecken), jedoch unter den Aspekten des Denkmalschutzes nicht ohne erhebliche Eingriffe in den vorhandenen Bestand umsetzbar. Die bauaufsichtlichen Schutzziele sind daher durch geeignete Kompensationsmaßnahmen nachzuweisen (vgl. Abschnitte 4.3.7, 4.8 und 5).

Abbildung 41: Situation eines Haftbereiches mit offenen Geschossdecken, die Anforderungen an notwendige Flure nach Bauordnungsrecht werden nicht erfüllt

Tabelle 10 vermittelt einen zusammenfassenden Überblick über die Anforderungen an *notwendige Flure* gemäß MBO [2] unter Verwendung der Planungshinweise der Handlungsempfehlungen Bayern [28] und NRW [24].

Tabelle 10: Übersicht der bauordnungsrechtlichen Anforderungen an notwendige Flure auf Grundlage der MBO (Gebäudeklasse 5) sowie der Handlungsempfehlungen Bayern [28] und NRW [24]

Lfd. Nr.	Bauteile, Situation	Gesetzliche Anforderung (MBO, Nationale Norm, Euro-Norm)	Gesetzliche Grundlage	Anmerkungen/ Besonderheiten
1	Flure, über die Rettungswege aus Aufenthaltsräumen oder aus Nutzungseinheiten mit Aufenthaltsräumen zu Ausgängen in notwendige Treppenräume oder ins Freie führen (notwendige Flure)	müssen so angeordnet und ausgebildet sein, dass die Nutzung im Brandfall ausreichend lang möglich ist	§ 36 (1) MBO	
2	Breite und Stufen	Notwendige Flure müssen so breit sein, dass sie für den größten zu erwartenden Verkehr ausreichen; eine Folge von weniger als drei Stufen ist unzulässig	§ 36 (2) MBO	
3	Rauchabschnittsbildung	Notwendige Flure sind durch nichtabschließbare, rauchdichte und selbstschließende Abschlüsse in Rauchabschnitte, nicht länger als 30 m, zu unterteilen, RS, $S_{200}C$	§ 36 (3) MBO	In panoptischen Systemen oder Galeriesystemen sind besondere Vorkehrungen für sichere Evakuierung und die Entrauchung zu treffen [24], [28]
4	Stichflurlänge	Notwendige Flure mit nur einer Fluchtrichtung, die zu einem Sicherheitstreppenraum führen, dürfen nicht länger als 15 m sein.	§ 36 (3) MBO	

Lfd. Nr.	Bauteile, Situation	Gesetzliche Anforderung (MBO, Nationale Norm, Euro-Norm)	Gesetzliche Grundlage	Anmerkungen/ Besonderheiten
5	Wände notwendiger Flure (in Obergeschossen)	müssen als raumabschließende Bauteile feuerhemmend sein und bis an die Rohdecke führen, F 30-B, EI 30	§ 36 (4) MBO	Zu beachten: höhere Anforderungen bei angrenzenden Hafträumen, feuerbeständig (F 90-AB/EI 90) [28], mindestens jedoch feuerhemmend und aus nichtbrennbaren Baustoffen (F 30-A/EI 30) [24]
6	Wände notwendiger Flure (in Kellergeschossen)	müssen als raumabschließende Bauteile, deren tragende und aussteifende Bauteile feuerbeständig sein müssen, feuerbeständig sein und bis an die Rohdecke führen, F 90-AB, EI 90	§ 36 (4) MBO	
7	Türen in Wänden von notwendigen Fluren	müssen dicht schließen, –, –	§ 36 (4) MBO	Zu beachten: erhöhte Anforderungen an Haftraumtüren nach [24], [28]; Haftraumtüren in panoptischen Systemen schutzzielorientiert als T 30-RS/EI_2 30-S_{200}C; ggf. Verlust der bauaufsichtlichen Zulassung aufgrund Einbau der JVA-Sonderschließung
8	Türen in Wänden von notwendigen Fluren	müssen zu Lagerbereichen im Kellergeschoss feuerhemmende, dicht- und selbstschließende Abschlüsse haben, T 30, EI_2 30-S_aC	§ 36 (4) MBO	Anforderung: T 30-RS/EI_2 30-S_{200}C nach [24]; ggf. Verlust der bauaufsichtlichen Zulassung aufgrund Einbau der JVA-Sonderschließung
9	Bekleidungen, Putze, Unterdecken und Dämmstoffe	müssen aus nichtbrennbaren Baustoffen bestehen	§ 36 (6) MBO	

Lfd. Nr.	Bauteile, Situation	Gesetzliche Anforderung (MBO, Nationale Norm, Euro-Norm)	Gesetzliche Grundlage	Anmerkungen/ Besonderheiten
10	Wände und Decken aus brennbaren Baustoffen	müssen eine Bekleidung aus nichtbrennbaren Baustoffen in ausreichender Dicke haben	§ 36 (6) MBO	
11	Brandlasten	sind in notwendigen Fluren grundsätzlich nicht zulässig	MLAR	Brandlasten wie brennbares Mobiliar und Mülltonnen sind in notwendigen Fluren unzulässig

4.3.9 Notwendige Treppen und notwendige Treppenräume

Grundsätzlich sind die Forderungen gemäß Bauordnungsrecht nach Raumabschluss von notwendigen Treppen durch einen eigenen, durchgehenden notwendigen Treppenraum auch für Justizvollzugsanstalten und sonstige geschlossene Anstalten des Justizvollzugs vollumfänglich anzuwenden. Nach [24] müssen Treppenräume immer den Anforderungen des § 37 BauO NRW entsprechen (entspricht § 35 MBO). Diese Anforderungen werden im historischen Bestand, insbesondere bei den Justizvollzugsanstalten in panoptischer Bauweise, erfahrungsgemäß nicht erfüllt (Abbildung 42 und Abbildung 43). Bei der Erstellung eines Brandschutzkonzeptes im Zuge vorgesehener Sanierungs- und Ertüchtigungsmaßnahmen müssen die Besonderheiten der offenen Geschossdecken mit Umgängen im Bereich der Hafttrakte schwerpunktmäßig berücksichtigt werden. Ein Haftflügel mit Galeriesystem, wie in Abbildung 42 dargestellt, kann konzeptionell keinesfalls wie ein notwendiger Treppenraum im Sinne des Bauordnungsrechtes gewertet werden.

Zur Umsetzung der bauaufsichtlichen Anforderungen an notwendige Treppenräume besteht zumindest theoretisch die Möglichkeit, den Raumabschluss der Treppenanlagen im Bereich der Hafttrakte nachträglich durch den Einbau von Wänden oder Glasanlagen in feuerbeständiger Qualität herzustellen. Dieser Lösungsansatz wäre jedoch mit folgenden Problempunkten verbunden:

- Einbußen in der Übersichtlichkeit und damit im Sicherheitsniveau der Justizvollzugsanstalt
- Treppen verspringen innerhalb der Hafttrakte
- Maßnahmen kollidieren mit Belangen des Denkmalschutzes
- Situation fensterloser (innenliegender) Treppenräume entsteht, Rauchableitung erforderlich

Abbildung 42: Treppen als Verbindung der offenen Zellentrakte; die Anforderungen an notwendige Treppen und notwendige Treppenräume nach Bauordnungsrecht werden nicht erfüllt

Abbildung 43: Zentralhalle („Stern") einer JVA der panoptischen Bauweise mit Treppe ohne notwendigen Treppenraum

Für die Realisierung des ersten und zweiten Rettungsweges sind immer die bauordnungsrechtlichen Anforderungen an notwendige Treppen und notwendige Treppenräume umzusetzen. Bei einer brandschutztechnischen Aufwertung im Bestand im Zuge von Sanierungsarbeiten könnten diese Forderungen beispielsweise für den ersten Rettungsweg durch die nachträgliche Ausbildung eines notwendigen Treppenraumes nach MBO [2] erreicht werden. Der zweite Rettungsweg ist durch den Anbau einer Außentreppe herstellbar. Ein zweiter Rettungsweg ist nicht erforderlich, wenn die Rettung über einen Sicherheitstreppenraum realisiert wird.

Tabelle 11 vermittelt einen zusammenfassenden Überblick über die Anforderungen an *notwendige Treppen und notwendige Treppenräume* gemäß MBO [2] unter Verwendung der Planungshinweise der Handlungsempfehlungen Bayern [28] und NRW [24].

Tabelle 11: Übersicht der bauordnungsrechtlichen Anforderungen an notwendige Treppen und notwendige Treppenräume auf Grundlage der MBO (Gebäudeklasse 5) sowie der Handlungsempfehlungen Bayern [28] und NRW [24]

Lfd. Nr.	Bauteile, Situation	Gesetzliche Anforderung (MBO, Nationale Norm, Euro-Norm)	Gesetzliche Grundlage	Anmerkungen/ Besonderheiten
1	Notwendige Treppe	Jedes nicht zu ebener Erde liegende Geschoss (außer Erdgeschoss) und der benutzbare Dachraum eines Gebäudes müssen über mindestens eine Treppe zugänglich sein.	§ 34 (1) MBO	
2	Notwendige Treppen	sind in einem Zuge zu allen angeschlossenen Geschossen zu führen. Sie müssen mit den Treppen zum Dachraum unmittelbar verbunden sein	§ 34 (3) MBO	
3	Tragende Teile notwendiger Treppen	müssen feuerhemmend und aus nichtbrennbaren Baustoffen bestehen, F 30-A, R 30	§ 34 (4) MBO	Stahlkonstruktionen sind gesondert zu bewerten; ggf. Kompensation (z. B. reaktive Brandschutzbeschichtungen/-systeme erforderlich)
4	Nutzbare Breite	der Treppenläufe und Treppenabsätze notwendiger Treppen muss für den größten zu erwartenden Verkehr ausreichen	§ 34 (5) MBO	
5	Notwendiger Treppenraum	Jede notwendige Treppe muss zur Sicherstellung der Rettungswege aus den Geschossen ins Freie in einem eigenen, durchgehenden Treppenraum liegen.	§ 35 (1) MBO	Zu beachten: Besonderheit der panoptischen Bauweise – die Anforderungen an notwendige Treppenräume werden im Bestand teilweise nicht erfüllt!

Lfd. Nr.	Bauteile, Situation	Gesetzliche Anforderung (MBO, Nationale Norm, Euro-Norm)	Gesetzliche Grundlage	Anmerkungen/ Besonderheiten
6	Notwendiger Treppenraum	Jeder notwendige Treppenraum muss einen unmittelbaren Ausgang ins Freie haben.	§ 35 (3) MBO	Forderung nach [28]: unmittelbarer Ausgang ins Freie, ggf. mittelbar ins Freie über Ausgang in einen anderen brandschutztechnisch ausreichend abgetrennten Bereich (z. B. anderes Geschoss, anderer Schließgang)
7	Raum zwischen notwendigen Treppenraum und dem Ausgang ins Freie	muss 1) mindestens so breit sein wie die dazugehörigen Treppenläufe, 2) Wände haben, die die Anforderungen an die Wände des Treppenraumes erfüllen (vgl. Lft. Nr. 8), 3) rauchdichte und selbstschließende Abschlüsse zu notwendigen Fluren haben (RS/S_{200}C), 4) ohne Öffnungen zu anderen Räumen, ausgenommen zu notwendigen Fluren, sein	§ 35 (3) MBO	
8	Wände notwendiger Treppenräume	müssen als raumabschließende Bauteile die Bauart von Brandwänden haben (vgl. Tabelle 2, Lfd. Nr. 3). Dies ist nicht erforderlich für Außenwände von Treppenräumen, die aus nichtbrennbaren Baustoffen bestehen und durch andere an diese Außenwände anschließende Gebäudeteile im Brandfall nicht gefährdet werden können	§ 35 (4) MBO	

Lfd. Nr.	Bauteile, Situation	Gesetzliche Anforderung (MBO, Nationale Norm, Euro-Norm)	Gesetzliche Grundlage	Anmerkungen/ Besonderheiten
9	Oberer Abschluss	muss als raumabschließendes Bauteil die Feuerwiderstandsfähigkeit der Decken des Gebäudes haben; dies gilt nicht, wenn der obere Abschluss das Dach ist und die Treppenraumwände bis unter die Dachhaut reichen; feuerbeständig, F 90-AB, REI 90	§ 35 (4) MBO	
10	Bekleidungen, Putze, Dämmstoffe, Unterdecken und Einbauten	müssen aus nichtbrennbaren Baustoffen bestehen	§ 35 (5) MBO	
11	Wände und Decken aus brennbaren Baustoffen	müssen eine Bekleidung aus nichtbrennbaren Baustoffen in ausreichender Dicke haben	§ 35 (5) MBO	
12	Bodenbeläge	müssen aus mindestens schwerentflammbaren Baustoffen bestehen	§ 35 (5) MBO	
13	Öffnungen zu Kellergeschossen, zu nicht ausgebauten Dachräumen, Lager- und ähnlichen Räumen sowie zu sonstigen Räumen und Nutzungseinheiten mit einer Fläche von mehr als 200 m^2	müssen mindestens feuerhemmende, rauchdichte und selbstschließende Abschlüsse haben, T 30-RS, EI_2 30-S_{200}C	§ 35 (6) MBO	ggf. Verlust der bauaufsichtlichen Zulassung aufgrund Einbau der JVA-Sonderschließung

Lfd. Nr.	Bauteile, Situation	Gesetzliche Anforderung (MBO, Nationale Norm, Euro-Norm)	Gesetzliche Grundlage	Anmerkungen/ Besonderheiten
14	Öffnungen zu notwendigen Fluren	müssen rauchdichte und selbstschließende Abschlüsse haben, RS, $S_{200}C$ (nach DIN 18095-1:1988-10)	§ 35 (6) MBO	ggf. Verlust der bauaufsichtlichen Zulassung aufgrund Einbau der JVA-Sonderschließung
15	Öffnungen zu sonstigen Räumen und Nutzungseinheiten	müssen mindestens dicht- und selbstschließende Abschlüsse haben, –, S_aC	§ 35 (6) MBO	
16	Feuerschutz- und Rauchabschlüsse	dürfen lichtdurchlässige Seitenteile und Oberlichte enthalten, wenn der Abschluss insgesamt nicht breiter als 2,50 m ist.	§ 35 (6) MBO	
17	Sicherheitsbeleuchtung	Notwendige Treppenräume ohne Fenster müssen in Gebäuden mit einer Höhe nach § 2 Abs. 3 Satz 2 von mehr als 13 m eine Sicherheitsbeleuchtung haben.	§ 35 (7) MBO	
18	Belüftung und wirksame Löscharbeiten	Notwendige Treppenräume müssen belüftet und zur Unterstützung wirksamer Löscharbeiten entraucht werden können.	§ 35 (8) MBO	
19	Fenster in notwendigen Treppenräumen	in jedem oberirdischen Geschoss müssen unmittelbar ins Freie führende Fenster mit einem freien Querschnitt von mindestens 0,50 m^2 sein, die geöffnet werden können	§ 35 (8) MBO	

Lfd. Nr.	Bauteile, Situation	Gesetzliche Anforderung (MBO, Nationale Norm, Euro-Norm)	Gesetzliche Grundlage	Anmerkungen/ Besonderheiten
20	Öffnung zur Rauchableitung	Notwendige Treppenräume müssen an der obersten Stelle eine Öffnung zur Rauchableitung haben. Sie müssen in jedem Treppenraum einen freien Querschnitt von mindestens 1 m^2 und Vorrichtungen zum Öffnen ihrer Abschlüsse haben, die vom Erdgeschoss sowie vom obersten Treppenabsatz aus bedient werden können.	§ 35 (8) MBO	Besondere Lösungskonzepte sind zur Entrauchung von Panoptiken erforderlich!

4.3.10 Aufzugsanlagen

Fahrschächte von Aufzügen, die nicht innerhalb notwendiger Treppenräume angeordnet werden, müssen gemäß § 39 MBO als raumabschließende Bauteile in feuerbeständiger Bauweise ausgeführt sein (vgl. Tabelle 12, Lfd. Nr. 2). Für den Fall, dass die Fahrschachttüren beispielsweise nutzungsbedingt zum notwendigen Flur öffnen, sind gesonderte Maßnahmen zu beachten. Aufgrund der daraus resultierenden Geschossverbindungen ist es erforderlich, die Rauch- und Feuerausbreitung über den Aufzugsschacht wirksam zu verhindern. Vorgenannte Anforderungen können bei Aufzugsanlagen erfüllt werden, welche der DIN 4102-5:1977-09 [50] in Verbindung mit DIN 18091:1993-07 [58] bzw. DIN EN 81-58:2022-08 [59] entsprechen. Der Aufzugsschacht muss gemäß DIN 18091 in Verbindung mit § 39 (3) MBO eine Öffnung zur Rauchableitung mit einem freien Querschnitt von mindestens 2,5 % der Fahrschachtgrundfläche bzw. mindestens 0,10 m^2 haben. Personenaufzüge sollen gemäß DIN EN 81-73:2020-11 [60] mit einer Brandfallsteuerung ausgestattet sein.

Tabelle 12 vermittelt einen zusammenfassenden Überblick über die Anforderungen an *Fahrschächte von Aufzügen* gemäß MBO [2] unter Verwendung der Planungshinweise der Handlungsempfehlungen Bayern [28] und NRW [24].

Tabelle 12: Übersicht der bauordnungsrechtlichen Anforderungen an Fahrschächte von Aufzügen auf Grundlage der MBO (Gebäudeklasse 5) sowie der Handlungsempfehlungen Bayern [28] und NRW [24]

Lfd. Nr.	Bauteile, Situation	Gesetzliche Anforderung (MBO, Nationale Norm, Euro-Norm)	Gesetzliche Grundlage	Anmerkungen/ Besonderheiten
1	Fahrschächte	Aufzüge im Innern von Gebäuden müssen eigene Fahrschächte haben, um eine Brandausbreitung in andere Geschosse ausreichend lang zu verhindern.	§ 39 (1) MBO	
2	Fahrschachtwände	müssen als raumabschließende Bauteile feuerbeständig und aus nichtbrennbaren Baustoffen sein, F 90-A, EI 90	§ 39 (2) MBO	
3	Fahrschachtwände aus brennbaren Baustoffen	müssen schachtseitig eine Bekleidung aus nichtbrennbaren Baustoffen in ausreichender Dicke haben	§ 39 (2) MBO	
4	Fahrschachttüren und andere Öffnungen in Fahrschachtwänden	sind so herzustellen, dass die Anforderungen nach Absatz 1 Satz 1 (vgl. Lfd. Nr. 1) nicht beeinträchtigen	§ 39 (2) MBO	ggf. Fahrschachttüren nach DIN 4102-5 bzw. DIN 18091 ausbilden
5	Öffnung zur Rauchableitung	Fahrschächte müssen zu lüften sein und eine Öffnung zur Rauchableitung mit einem freien Querschnitt von mindestens 2,5 % der Fahrschachtgrundfläche, mindestens jedoch 0,10 m² haben.	§ 39 (3) MBO	

4.3.11 Rettungswege

Ein wesentliches Charakteristikum des Justizvollzugs ist die brandschutztechnische Herausforderung, das primäre Schutzziel einer Justizvollzugsanstalt (Verhinderung von Ausbrüchen) mit den öffentlich-rechtlichen Vorstellungen einer selbstständigen Benutzbarkeit unabhängiger Rettungswege in Einklang zu bringen. Die Nutzer einer Justizvollzugsanstalt bzw. einer anderen geschlossenen Einrichtung, sowohl Gefangene und Patienten als auch Besucher und Mitarbeiter von Fremdfirmen, sind hinsichtlich der Personenrettung im Falle eines Brandereignisses vollständig auf die Hilfe des Justizvollzugspersonals angewiesen. Aufgrund dieser Eigenheit kommt der Qualität des organisatorischen Brandschutzes im Strafvollzug eine besondere Bedeutung zu. Entsprechend der Forderung gemäß § 33 MBO, dass bei Sonderbauten der zweite Rettungsweg über Rettungsgeräte der Feuerwehr nur zulässig ist, wenn keine Bedenken wegen der Personenrettung bestehen, sind im Justizvollzug ausschließlich bauliche Rettungswege umzusetzen. Die Personenrettung mittels Rettungsgeräten der Feuerwehr ist ohnehin aufgrund der nutzungsbedingten Vergitterung sämtlicher Fensteröffnungen ausgeschlossen. Die bauordnungsrechtlich geforderten Rettungswege sind daher ausschließlich baulich über notwendige Treppen unter Beachtung der zulässigen Rettungsweglänge von 35 m, die für jede Stelle eines Aufenthaltsraumes einer Nutzungseinheit nachzuweisen ist, auszuführen. Dies trifft grundsätzlich auch für die Sicherheitszentrale bzw. das Pfortengebäude zu. Bei Bestandsobjekten kann ein fehlender zweiter Rettungsweg nachträglich beispielsweise über Außentreppen hergestellt werden. Die Abbildung 44 zeigt eine mögliche Lösungsvariante zur Verbesserung der Rettungswegsituation.

Die Realisierung des zweiten baulichen Rettungsweges über giebelseitig angeordnete Außentreppen ermöglicht die Entfluchtung in zwei Richtungen und würde somit auch zu einer Optimierung einer im Bestand vorhandenen kritischen Stichflursituation führen.[13] Gemäß Bauordnungsrecht definiert sich die Rettungswegführung „ins Freie“ durch die beabsichtigte Anbindung an die öffentliche Verkehrsfläche. Da diese Forderung in Justizvollzugsanstalten und sonstigen geschlossenen Einrichtungen des Justizvollzugs nicht umsetzbar ist, muss die Personenrettung in gesicherte Bereiche, wie beispielsweise in Freistundenhöfe, oder aber auch in benachbarte Brandabschnitte realisiert werden, wobei mögliche Überschneidungen mit den Angriffswegen der Feuerwehr aus taktischen Überlegungen weitestgehend zu vermeiden sind. Für alle Türen

13 Als kritisch sind Stichflurlängen größer als 15 m zu werten [61] und [62].

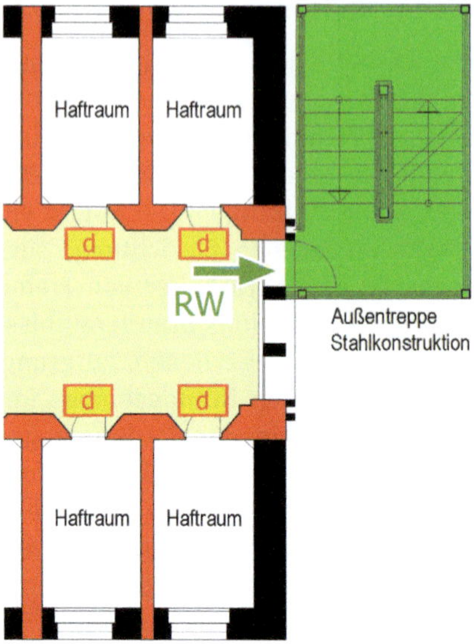

Abbildung 44: Nachträglicher Anbau einer Außentreppe als Stahlkonstruktion zur Realisierung eines zweiten baulichen Rettungsweges

in Rettungswegen mit Brandschutzanforderungen gilt auch in Justizvollzugsanstalten, dass ein nutzungsbedingt gewünschtes Offenhalten nur mit dem Einsatz bauaufsichtlich zugelassener Feststellanlagen (FSA) zu realisieren ist. Die Empfehlungen zur Funktionssplittung von Türen mit Brandschutzfunktion und Türen zur Sicherstellung des Justizvollzugs unter Abschnitt 4.3.7 sind zu beachten. Sämtliche Türen in Rettungswegen müssen durch entsprechende technische Vorkehrungen so beschaffen sein, dass sie im Brandfall jederzeit und ohne fremde Hilfe von innen leicht geöffnet werden können. Falls dies mit dem Sicherheitsaspekt der Justizvollzugsanstalt kollidiert, ist die Personenrettung durch betriebliche und organisatorische Maßnahmen sicherzustellen. Bei der Verwendung von elektrischen Verriegelungssystemen nach [46] für im Normalfall verriegelte Türen im Verlauf von Flucht- und Rettungswegen ist unter schutzzielorientierter Betrachtungsweise (Verhinderung von Ausbrüchen) zu beachten, dass eine Entfluchtung zunächst in gesicherte Bereiche, wie beispielsweise Freistundenhöfe, erfolgt. Organisatorisch ist festzulegen, ob die Auslösebetätigung zum Entriegeln direkt an der Tür angeordnet wird oder ob eine Freigabe über die Sicherheitszentrale realisiert werden soll. Über das zentrale Alarmmanagementsystem wäre somit eine gemeinsame Verwaltung der elektrischen Verriegelungssysteme mit den Zutrittskontrollsystemen der

Justizvollzugsanstalt über Türöffner und Motorschlösser sowie der Einbruch- und Brandmeldeanlage möglich. Die Planung der technischen Lösung muss immer unter Berücksichtigung der bauaufsichtlichen Verwendbarkeitsnachweise sowie der Regelungen des organisatorischen Brandschutzes bezüglich der Sicherstellung der Personenrettung erfolgen.

Tabelle 13 vermittelt einen zusammenfassenden Überblick über die Anforderungen an *Rettungswege* gemäß MBO [2] unter Verwendung der Planungshinweise der Handlungsempfehlungen Bayern [28] und NRW [24].

Tabelle 13: Übersicht der bauordnungsrechtlichen Anforderungen an Rettungswege auf Grundlage der MBO (Gebäudeklasse 5) sowie der Handlungsempfehlungen Bayern [28] und NRW [24]

Lfd. Nr.	Bauteile, Situation	Gesetzliche Anforderung (MBO, Nationale Norm, Euro-Norm)	Gesetzliche Grundlage	Anmerkungen/ Besonderheiten
1	Anzahl der Rettungswege	Für Nutzungseinheiten mit mindestens einem Aufenthaltsraum müssen in jedem Geschoss mindestens zwei voneinander unabhängige Rettungswege ins Freie vorhanden sein; beide Rettungswege dürfen jedoch innerhalb des Geschosses über denselben notwendigen Flur führen.	§ 33 (1) MBO	Keine selbstständige Benutzung der Rettungswege möglich. Die Gefangenen sind vollständig auf die Hilfe des Vollzugspersonals im Falle eines Brandereignisses angewiesen.
2	Art der Rettungswege	Der erste Rettungsweg muss über eine notwendige Treppe (notwendiger Treppenraum) führen.	§ 33 (2) MBO	
3	Art der Rettungswege	Der zweite Rettungsweg kann eine weitere notwendige Treppe oder eine mit Rettungsgeräten der Feuerwehr erreichbare Stelle der Nutzungseinheit sein. Ein zweiter Rettungsweg ist nicht erforderlich, wenn die Rettung über einen sicher erreichbaren Treppenraum möglich ist, in den Feuer und Rauch nicht eindringen können (Sicherheitstreppenraum).	§ 33 (2) MBO	

Lfd. Nr.	Bauteile, Situation	Gesetzliche Anforderung (MBO, Nationale Norm, Euro-Norm)	Gesetzliche Grundlage	Anmerkungen/ Besonderheiten
4	Art der Rettungswege	Bei Sonderbauten ist der zweite Rettungsweg über Rettungsgeräte der Feuerwehr nur zulässig, wenn keine Bedenken wegen der Personenrettung bestehen. Aufgrund der hohen Personenzahlen sind vorrangig bauliche Rettungswege auszubilden.	§ 33 (3) MBO	Für Justizvollzugsanstalten sind **ausschließlich bauliche Rettungswege** auszubilden.
5	Rettungsweglänge	Von jeder Stelle eines Aufenthaltsraumes sowie eines Kellergeschosses muss mindestens ein Ausgang in einen notwendigen Treppenraum oder ins Freie in höchstens 35 m Entfernung erreichbar sein.	§ 35 (2) MBO	Rettungswege führen in Justizvollzugsanstalten nutzungsbedingt nicht zur öffentlichen Verkehrsfläche, sondern in gesicherte Bereiche oder andere Brandabschnitte.
6	Rettungswegbreiten	Die nutzbare Breite von Rettungswegen muss für den größten zu erwartenden Verkehr ausreichen. Die erforderliche lichte Mindestbreite ergibt sich nach der Anzahl der darauf angewiesenen Personen.	§ 34 (5) MBO, § 36 (2) MBO, ASR A2.3 [63]	

4.3.12 Rauchschutz

Die Gestaltung sicher benutzbarer Rettungswege ist nicht nur für die Personenrettung von wesentlicher Bedeutung, sondern auch für die Brandbekämpfung durch die Feuerwehr. Bei der rauchschutztechnischen Beurteilung von Justizvollzugsanstalten liegen die größten Defizite schwerpunktmäßig bei den Haftgebäuden der panoptischen Bauweise. Gemäß Ausführung in Abschnitt 3.2 würde ein Haftraumbrand mit üblichen Ausstattungsgegenständen in einem im Erdgeschoss gelegenen Haftraum bei geöffneter Haftraumtür innerhalb kürzester Zeit zur nahezu vollständigen Verrauchung des gesamten Zellentraktes und zu dem damit verbundenen Ausfall der Rettungswege führen (Abbildung 17).

Bei der Planung ausschließlich natürlicher Öffnungen zur Rauchableitung (Abbildung 45) ist zu prüfen, ob bei einem Brand im Anfangsstadium die erforderlichen Temperaturen herrschen, um einen ausreichenden Auftrieb zu den Rauchableitungsöffnungen in den Dachflächen zu erreichen. Kann dies nicht gewährleistet werden, ist zusätzlich der unterstützende Einsatz von maschinellen Rauchabzugsanlagen (Abbildung 46) mit Volumenstromauslegung nach [64] notwendig, auch im Sinne einer gezielten Rauchverdünnung (vgl. [65], S. 182–183). Um einer eventuellen Verwirbelung der Rauchgase durch Bauteile wie Treppen, Unterzüge usw. entgegenzuwirken, ist eine mögliche Rauchansaugung jeweils im Bereich unter den Umgängen der Galeriesysteme planungstechnisch zu prüfen. Die Auslösung der maschinellen Rauchabzugsanlagen erfolgt über Brandmelder oder über gesicherte Auslöseschalter (Abbildung 47) durch das Vollzugspersonal. Der Funktionserhalt für maschinelle Rauchabzugsanlagen (MRA) muss nach [66] für 90 Minuten ausgelegt sein.

Für natürliche und maschinelle Rauchabzugsanlagen sind ausreichend dimensionierte Zuluftöffnungen zu berücksichtigen.

Abbildung 45: Natürliche Rauchableitung über die zu öffnenden Oberlichter eines Haftflügels

Abbildung 46: Maschinelle Entrauchung in einem Haftflügel

Abbildung 47: Gesicherter Auslösetaster für Rauchabzug (links im Bild) und für Brandmeldeanlagen und Hausalarm (rechts im Bild)

Gemäß § 36 MBO müssen notwendige Flure durch nicht abschließbare, rauchdichte und selbstschließende Abschlüsse in Rauchabschnitte mit einer Länge von höchstens 30 m unterteilt werden. Die Abschlüsse sind bis an die Rohdecke zu führen oder an eine feuerhemmende Unterhangdecke anzuschließen.

Für die unter Abschnitt 4.4 näher betrachteten unterirdischen Erschließungstunnel bedarf es einer gesonderten Beurteilung. Bezüglich der Entrauchung der Personentunnel wird unterstellt, dass die Personenrettung bei Eintreffen der Feuerwehr über die zur Verfügung stehenden baulichen Rettungswege bereits abgeschlossen ist. Im Falle eines Brandereignisses würde sich der Tunnelquerschnitt des betreffenden Rauchabschnittes in relativ kurzer Zeit mit Rauchgasen füllen. Aufgrund der geringen Raumhöhen in den betrachteten Personentunneln kommt es zu keiner wirksamen Schichtbildung zwischen einer heißen Rauchgasschicht und einer raucharmen Schicht. Sämtliche Entrauchungsmaßnahmen dienen daher ausschließlich dem taktischen Einsatz der Feuerwehr. Dies vorausgesetzt, kann die Belüftung der Personentunnelanlagen beispielsweise als natürliche Belüftung mittels versetzt bzw. gegenüberliegend angeordneter Edelstahlrohre erfolgen. Die erforderlichen Zu- und Abluftöffnungen können im unteren bzw. oberen Bereich der Tunnelwände angeordnet und gleichzeitig für die Rauchableitung der Tunnel herangezogen werden. Je Tunnel bzw. je Rauchabschnitt ist mindestens eine Rauchableitungsöffnung einschließlich notwendiger Zuluftöffnung planungstechnisch unter Berücksichtigung der topografischen Randbedingungen (Art der Oberflächengestaltung, Verlauf von Verkehrswegen, Standort bauliche Anlagen usw.) vorzusehen. Die spezifischen Sicherheitsaspekte des Nutzungsschwerpunktes *Justizvollzug* sind ebenfalls zu berücksichtigen, wie die Sicherung der Abschlüsse der Öffnungen gegen Manipulation und Fluchtversuche.

4.3.13 Leitungs- und Lüftungsanlagen, Schächte, Durchbrüche

Gemäß § 40 MBO dürfen Leitungsanlagen durch raumabschließende Bauteile, für die eine Feuerwiderstandsfähigkeit vorgeschrieben ist, nur hindurchgeführt werden, wenn eine Brandausbreitung ausreichend lang nicht zu befürchten ist oder Vorkehrungen hiergegen getroffen sind. Während die Belegungsdichte einer Justizvollzugsanstalt in etwa der eines Krankenhauses entspricht, ist die Installationsdichte der technischen Gebäudeausrüstung, insbesondere der Medien Elektro, Heizung und Sanitär, insgesamt vergleichsweise niedrig. [24] Für die Planung und Installation von haustechnischen Anlagen sind insbesondere die Forderungen der als technische Baubestimmungen eingeführten Richtlinien und technischen Regeln nach [66] zu berücksichtigen. In Bezug auf haustechnische Leitungsanlagen bestehen in Anlehnung an § 14 MBO und Muster-Leitungsanlagen-Richtlinie (MLAR) [66] im Wesentlichen folgende, voneinander unabhängige Schutzziele:

- Gewährleistung des Abschottungsprinzips
- Sicherung der Rettungswege
- Funktionserhalt von elektrischen Leitungen

Bei den zu bewertenden Unterkunftsgebäuden ist die Umsetzung dieser Schutzziele insbesondere für die brandschutztechnische Bewertung der Installationsschächte zur Versorgung der einzelnen Hafträume bzw. Patientenzimmer relevant. Um Manipulationen an der Installationstechnik durch Gefangene sowie eine unerwünschte Kommunikation und den Austausch von Gegenständen über die Versorgungsschächte zu unterbinden, sind diese nicht raumteilend zwischen den Zellen, sondern gewöhnlich in speziellen Schächten, teilweise aus Stahlbetonfertigteilen, in die Flurwände integriert (Abbildung 48), mit ausschließlich gesichertem Zugang zu Revisionszwecken durch das Vollzugspersonal (vgl. [67], S. 261 ff.). Auch nach der Baurichtlinie für den sächsischen Justizvollzugsbau [27] sind beispielsweise die Geruchsverschlüsse der Waschbecken in den Installationsschächten vor dem Haftraum anzuordnen. Revisionen sollen ausschließlich vom Installationsschacht außerhalb des Haftraumes möglich sein (vgl. [68], Ergänzung zu Punkt 3.5 Unterkünfte, Einzelhaftraum, Blatt 3 von 4). Diese baulichen Voraussetzungen, ursprünglich vollzugstechnisch konzipiert, setzen gleichermaßen das Prinzip der Bauteilschottung zwischen den einzelnen Hafträumen bzw. Patientenzimmern wirkungsvoll um. Bei einer detaillierten Bauteilbewertung ist insbesondere zu beachten, dass der verbleibende Wandrestquerschnitt hinter den Versorgungsschächten sowohl zum notwendigen Flur als auch zum benachbarten Haftraum der geforderten Brandschutzqualität entspricht. Die Feuerwiderstandsdauer hinter Schlitzen und Einbauten muss prinzipiell mindestens den Anforderungen an die Feuerwiderstandsdauer der Wand entsprechen.

Abbildung 48: Variante einer gemeinsamen Schachtausbildung (Revisionsöffnung) für jeweils angrenzende Hafträume

Die Ausführung der Abschlüsse der Revisionsöffnungen zu den notwendigen Fluren ist abhängig davon, ob die Versorgungsschächte in Deckenebene eine qualifizierte Schottung aufweisen oder nicht. Entsprechend MLAR [66] ist der Abschluss der Revisionsöffnung (Abbildung 49) mittels Blechabdeckung für den Fall der horizontalen Schottung in Bauteilebene zulässig, während Abschlüsse von durchgehenden Installationsschächten in der Qualität T 30-RS/ EI_2 30-S_{200}C zum notwendigen Flur auszubilden sind.

Abbildung 49: Zum notwendigen Flur orientierte Revisionsöffnungen der Versorgungsschächte

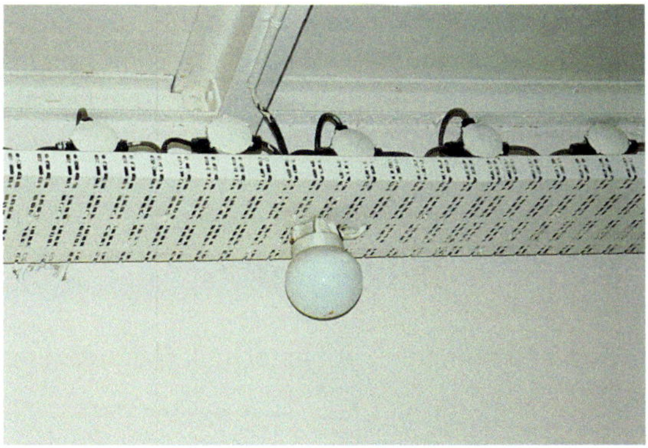

Abbildung 50: Unzulässige (ungeschottete) Leitungsanlagen im Verlauf von Rettungswegen (vorgefundene Bestandssituation)

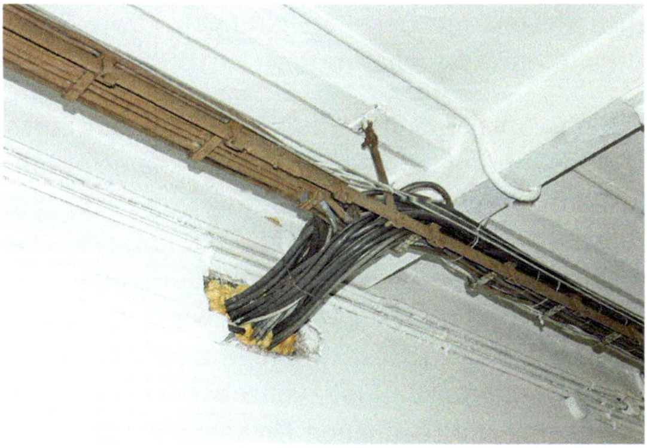

Abbildung 51: Unzulässige (ungeschottete) Leitungsanlagen sowie nicht vorschriftskonform ausgeführte Bauteildurchführungen im Verlauf von Rettungswegen (vorgefundene Bestandssituation)

Lüftungsleitungen sind entweder mit Brandschutzklappen in den Achsen der raumabschließenden Bauteile zu schotten oder in der Qualität des Feuerwiderstandes auszubilden, der dem der durchdrungenen Bauteile entspricht.

Die Vorgaben nach Muster-Leitungsanlagen-Richtlinie (MLAR) [66] und Muster-Lüftungsanlagen-Richtlinie (M-LüAR) [69] sind grundsätzlich einzuhalten. Sofern hiervon aufgrund der Bestandssituation abgewichen werden muss, ist eine gleichwertige technische Lösung umzusetzen. Die Abbildung 50 und Abbildung 51 zeigen beispielhaft im Bestand vorgefundene, nicht vorschriftskonforme Bauteilsituationen. Aufgrund der mangelhaften Ausführung von Leitungsanlagen im Verlauf von Rettungswegen werden die bauaufsichtlichen Schutzziele im Brandfall nicht erreicht.

Für die Planung und Installation von haustechnischen Anlagen in den unter Abschnitt 4.4 näher beschriebenen Tunnelanlagen wird auf die Forderungen der als technische Baubestimmungen eingeführten Richtlinien und technischen Regeln verwiesen. Medientunnel ermöglichen die separate Führung von Leitungsanlagen, wobei eine Kombination mit Personentunneln unter wirtschaftlichen Aspekten sinnvoll ist (Abbildung 52). Dabei dienen die Medientunnel schwerpunktmäßig zur Installation folgender Leitungsanlagen:

- Leitungsanlagen der Elektroversorgung
- Leitungsanlagen der Sicherheits- und Kommunikationstechnik (Anforderung an Funktionserhalt beachten!)
- Leitungsanlagen der Brandmelde- und Alarmierungsanlagen (Funktionserhalt erforderlich!)
- Wärmeversorgungsleitungen und sonstige Heizungsleitungen sowie Rohrleitungen der Trinkwasserver- und Abwasserentsorgung

Bei einer kombinierten Ausführung von Personen- und Medientunneln muss insbesondere zum Schutz der Personentunnelanlage auf eine wirksame brandschutztechnische Trennung zur Verhinderung der Übertragung von Feuer und Rauch aus dem Medientunnel nach den Erfordernissen der MLAR [66] geachtet werden. Diese Trennung kann beispielsweise über ein- oder mehrlagige spezielle Tunnelbauplatten mit Brandschutzanforderung realisiert werden, die verschiedene Hersteller anbieten. Aufgrund der zu beachtenden Besonderheiten zur Umsetzung des Sicherheitskonzeptes von Justizvollzugsanstalten sind weitere Anforderungen bei der Planung und baulichen Umsetzung der unterirdischen Erschließungsanlagen, wie beispielsweise der Funktionserhalt für sicherheitsrelevante Versorgungsleitungen, zu berücksichtigen.

Tabelle 14 vermittelt einen zusammenfassenden Überblick über die Anforderungen an *Leitungs- und Lüftungsanlagen* gemäß MBO [2] unter Verwendung der Planungshinweise der Handlungsempfehlungen Bayern [28] und NRW [24].

Tabelle 14: Übersicht der bauordnungsrechtlichen Anforderungen an Leitungs- und Lüftungsanlagen sowie Installationsschächte auf Grundlage der MBO (Gebäudeklasse 5) sowie der Handlungsempfehlungen Bayern [28] und NRW [24] und MLAR [66] und M-LüAR [69]

Lfd. Nr.	Bauteile, Situation	Gesetzliche Anforderung (MBO, Nationale Norm, Euro-Norm)	Gesetzliche Grundlage	Anmerkungen/ Besonderheiten
1	Leitungen durch raumabschließende Bauteile	für die eine Feuerwiderstandsfähigkeit vorgeschrieben ist, dürfen nur hindurchgeführt werden, wenn eine Brandausbreitung ausreichend lang nicht zu befürchten ist oder Vorkehrungen hiergegen getroffen sind	§ 40 (1) MBO, MLAR	
2	Leitungsanlagen in Rettungswegen	sind nur zulässig, wenn eine Nutzung als Rettungsweg ausreichend lang möglich ist	§ 40 (2) MBO	Die Installationen müssen die Sicherheitsanforderungen der Justizvollzugsanstalt berücksichtigen.
3	Installationsschächte und -kanäle	gelten § 40 (1) MBO sowie § 41 Abs. 2 Satz 1 MBO entsprechend; vgl. Lfd. Nr. 1 und 5	§ 40 (3) MBO	
4	Lüftungsanlagen	müssen betriebssicher und brandsicher sein; sie dürfen den ordnungsgemäßen Betrieb von Feuerungsanlagen nicht beeinträchtigen	§ 41 (1) MBO	
5	Lüftungsleitungen sowie deren Bekleidungen und Dämmstoffe	müssen aus nichtbrennbaren Baustoffen bestehen; brennbare Baustoffe sind zulässig, wenn ein Beitrag der Lüftungsleitung zur Brandentstehung und Brandweiterleitung nicht zu befürchten ist	§ 41 (2) MBO	

Lfd. Nr.	Bauteile, Situation	Gesetzliche Anforderung (MBO, Nationale Norm, Euro-Norm)	Gesetzliche Grundlage	Anmerkungen/ Besonderheiten
6	Lüftungsleitungen	dürfen raumabschließende Bauteile, für die eine Feuerwiderstandsfähigkeit vorgeschrieben ist, nur überbrücken, wenn eine Brandausbreitung ausreichend lang nicht zu befürchten ist oder wenn Vorkehrungen hiergegen getroffen sind	§ 41 (2) MBO	
7	Lüftungszentralen: Tragende, aussteifende und raumabschließende Bauteile zu anderen Räumen	müssen der höchsten notwendigen Feuerwiderstandsfähigkeit der Decken und Wände entsprechen, durch die Lüftungsleitungen von der Lüftungszentrale aus hindurchgeführt werden; dabei bleiben Kellerdecken unberücksichtigt, F 90-AB, REI 90	Punkt 6.4.2 M-LüAR	
8	Lüftungszentralen: Andere Wände und Decken sowie Fußböden	müssen aus nichtbrennbaren Baustoffen bestehen oder durch mindestens 2 cm dicke Schichten aus mineralischen, nichtbrennbaren Baustoffen gegen Entflammen geschützt sein	Punkt 6.4.2 M-LüAR	
9	Lüftungszentralen: Öffnungen in den Wänden zu anderen Räumen	müssen durch mindestens feuerhemmende dicht- und selbstschließende Abschlüsse geschützt sein; die Abschlüsse zu notwendigen Treppenräumen müssen zusätzlich rauchdicht sein, T 30 bzw. T 30-RS, EI_2 30-S_aC bzw. EI_2 30-S_{200}C	Punkt 6.4.2 M-LüAR	

Lfd. Nr.	Bauteile, Situation	Gesetzliche Anforderung (MBO, Nationale Norm, Euro-Norm)	Gesetzliche Grundlage	Anmerkungen/ Besonderheiten
10	Lüftungszentralen: Öffnungen zu Aufenthaltsräumen	nicht zulässig	Punkt 6.4.2 M-LüAR	
11	Lüftungszentralen: Rettungswege, Ausgänge	Von jeder Stelle der Lüftungszentrale muss in höchstens 35 m Entfernung ein Ausgang zu einem Flur in der Bauart von notwendigen Fluren, zu Treppenräumen in der Bauart notwendiger Treppenräume oder unmittelbar ins Freie erreichbar sein.	Punkt 6.4.3 M-LüAR	

4.4 Brandschutztechnische Besonderheiten von unterirdischen Erschließungsanlagen (Medien- und Personentunnelanlagen)

Zur Optimierung der Gefangenenbewegungen sowie verschiedener Versorgungs- und Transportvorgänge im Rahmen des reibungslosen Haftanstaltsbetriebes hat es sich als zweckmäßig erwiesen, verschiedene Gebäude und Gebäudeteile einer Justizvollzugsanlage bzw. oder einer sonstigen geschlossenen Einrichtung mittels überbauter Erschließungsachsen zu verbinden (vgl. [26], S. 154).

Personentunnelanlagen bewirken eine deutliche Optimierung der Effektivität des gezielten Personaleinsatzes bzw. -aufwandes sowie eine Erhöhung des Sicherheitsniveaus innerhalb einer geschlossenen Anstalt. Der Zugang zu den Tunnelabschnitten erfolgt aus Sicherheitsaspekten gewöhnlich ausschließlich über die angebundenen Gebäude. In Verlängerung der Personentunnel über die Keller der jeweiligen angrenzenden Gebäude wird ein komplexes unterirdisches Erschließungssystem gebildet. Die Längen der Tunnelbauwerke können in Abhängigkeit der vorhandenen oder geplanten Gebäudeabstände teilweise über 100 m betragen.

Tunnel sind als unterirdische Gebäude gemäß § 2 (3) Nr. 5 MBO in die Gebäudeklasse 5 und im vorliegenden Anwendungsfall zusätzlich nach § 2 (4) Nr. 14 MBO als Sonderbauten (Justizvollzugsanstalten und bauliche Anlagen für den Maßregelvollzug) einzustufen und zu beurteilen.

4.4.1 Schutzziele für die Bewertung von Tunnelanlagen

Zusätzlich zu den bereits in Abschnitt 4.2 beschriebenen allgemeinen Anforderungen an bauliche Anlagen nach § 3 MBO und den speziellen brandschutztechnischen Anforderungen von Justizvollzugsanstalten gemäß § 14 MBO sind für die Beurteilung von Tunnelanlagen schwerpunktmäßig folgende Zielstellungen festzulegen:

- Gewährleistung der Tragfähigkeit im Brandfall
- Ausbildung von Brandabschnitten (Verhinderung der Brandausbreitung zwischen den angebundenen Gebäuden)
- Ausbildung von Rauchabschnitten
- Gestaltung sicherer baulicher Rettungswege über die Gebäudeanbindungen
- Berücksichtigen von Systemen zur Brandfrüherkennung in Abhängigkeit der konkreten Situation

4.4.2 Brandrisiko – Gefahreneinschätzung im Brandfall für die Personentunnel

Für die Tunnelanlagen kann eine nahezu brandlastfreie Ausführung mit Ausnahme der Elektroinstallation für die ausschließliche Eigenversorgung der Tunnelbauwerke unterstellt werden (Abbildung 52 und Abbildung 53). Diese Installationen sind vergleichbar mit den zulässigen Leitungsanlagen in notwendigen Fluren und notwendigen Treppenräumen gemäß den baurechtlich eingeführten Muster-Leitungsanlagen-Richtlinien MLAR [66].

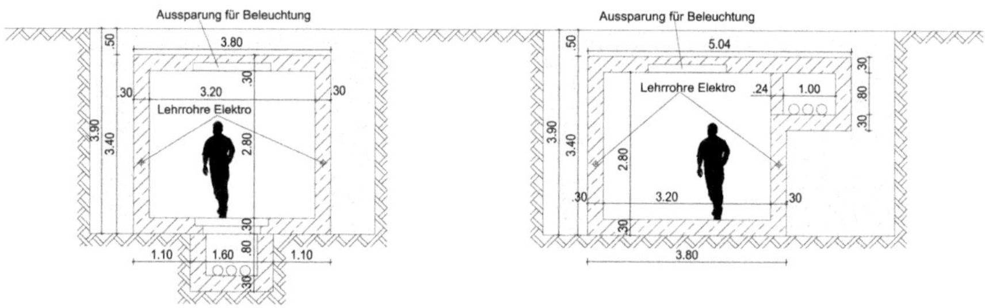

Abbildung 52: Ausführungsvorschlag für einen kombinierten Personen-Medien-Tunnel (links vertikale, rechts horizontale Anordnung), schematische Darstellung

Abbildung 53: Personentunnel (Beispielfoto)

Die vorhandene Brandbelastung, die in der Regel aus Manipulation bzw. Brandstiftung durch Gefangene resultiert, die Lüftungsverhältnisse sowie die geometrischen und thermischen Randbedingungen der Konstruktion bestimmen im Wesentlichen die Auswirkungen im Falle eines Brandereignisses. Zur Gewährleistung eines ausreichenden baulichen Brandschutzes ist bei der Ausführung der statisch relevanten Tunnelkonstruktion darauf zu achten, dass Schäden mit Auswirkungen für die Standsicherheit bei Brandeinwirkung verhindert werden.

Folgende erschwerende Faktoren sind bei einem möglichen Tunnelbrand zu berücksichtigen:

- starke Sichtbehinderung und Orientierungslosigkeit aufgrund starker Rauchentwicklung
- Panikreaktionen infolge Rauchgaseinwirkung auf Augen, Nase, Schleimhäute, Lunge

Als wesentliche mögliche Brandursachen in unterirdischen Erschließungsanlagen kommen infrage:

- vorsätzliche Brandstiftung und/oder Manipulation durch Gefangene
- technischer Defekt (z. B. durch Kurzschlüsse im elektrischen Leitungssystem)

Brandlasten

- geringe planmäßige Brandlasten mit Ausnahme der Leitungsanlagen für die Eigenversorgung des Tunnels
- Außerplanmäßige Brandlasten infolge Manipulation/Brandstiftung von Inhaftierten sind möglich, jedoch als gering zu bewerten (infrage kommen Wäschebündel o. Ä.); aufgrund der massiven feuerbeständigen Ausführung i. V. m. nichtbrennbaren Bauteiloberflächen kann eine Brandweiterleitung praktisch ausgeschlossen werden.
- Die Brandlasten sind keinesfalls vergleichbar mit Tunnelanlagen, die dem Bahn- oder Straßenverkehr dienen. Dort ist mit Brandlasten von mehreren Megawatt zu rechnen.
- Aufgrund der geringen Brandlasten ist die Entwicklung eines Vollbrandes auf dem Niveau der ETK (Einheitstemperatur-Zeit-Kurve) oder darüber (vgl. EBA Eisenbahn-Bundesamt-Temperaturzeitkurve oder RWS Rijkswaterstaat-Tunnelkurve) [70] kaum möglich.

Brandausbreitungsrisiko

- Aufgrund der feuerbeständigen Bauteilausführung der Umfassungswände der Tunnelanlagen sowie der zwingend notwendigen Bauteilschottungen der Personentunnel im Übergang zu den Anbindungspunkten bzw. Schnittstellen der Gebäude ist das Risiko der Brandausbreitung als relativ gering einzustufen.

Brandabschnitte

Optimalerweise bilden die Tunnelanlagen jeweils einen eigenen Brandabschnitt. Als Brandabschnittsgrenzen werden dabei die Gebäudeabschlüsse (Außenwände) der angebundenen Bauwerke definiert. Aus statisch konstruktiven Gründen müssen dabei die brandschutztechnischen Trennungen in der Ebene vor den Gebäudeaußenwänden, also im Bereich der Tunnelabschlüsse liegen (z. B. Wand in der Qualität einer Brandwand). Somit wird dem Prinzip des Raumabschlusses der Tunnelbauwerke, die einen eigenen Brandabschnitt bilden, Rechnung getragen. Die einzelnen Tunnelbauwerke erfüllen dabei auch eine Art Schleusenfunktion zwischen den anbindenden Gebäuden in brandschutztechnischer Hinsicht.

Die Anforderungen gemäß § 30 MBO (Brandwände) beziehen sich auf Wohnen bzw. wohnähnliche Nutzungen. An Tunnelanlagen sind gewöhnlich keine Aufenthaltsräume direkt angeschlossen. Zum Vergleich wird herangezogen, dass bei Schulen aufgrund der kleinzelligen Gebäudestruktur eine Brandabschnittslänge von 60 m in Verbindung mit der Anordnung von T 30-RS/ EI_2 30-S_{200}C-Türen in den Brandwänden zulässig ist (als Erleichterung gemäß MSchulbauR Fassung 2009 [45]). Aufgrund der praktisch brandlastfreien Ausführung der Tunnelbauwerke sowie unter Berücksichtigung der ständigen Kontrollmöglichkeit über Videoüberwachung und der Wirkungsweise der Tunnel als Schleusen wird die Anordnung von T 30-RS/EI_2 30-S_{200}C-Türen anstelle von T 90-RS/ EI_2 90-S_{200}C-Türen im Bereich der Übergänge der Tunnel zu den anbindenden Gebäuden als vertretbare Abweichung gewertet. Tunnelanlagen mit einer Gesamtlänge von teilweise über 100 m in der Abwicklung überschreiten die bauordnungsrechtlich zulässige Brandabschnittslänge von 40 m zwar deutlich, jedoch kann auf eine zusätzliche Unterteilung in einzelne Brandabschnitte im Regelfall verzichtet werden, da keinerlei relevante Brandlasten vorhanden sind, die eine Brandweiterleitung begünstigen würden. Abbildung 54 zeigt die mögliche Anordnung eines Personentunnels als Verbindung zwischen einem Unterkunftsgebäude (Hafthaus) und einem Werkstattgebäude zur Realisierung kontrollierter Gefangenenbewegungen über unterirdische Erschließungsanlagen.

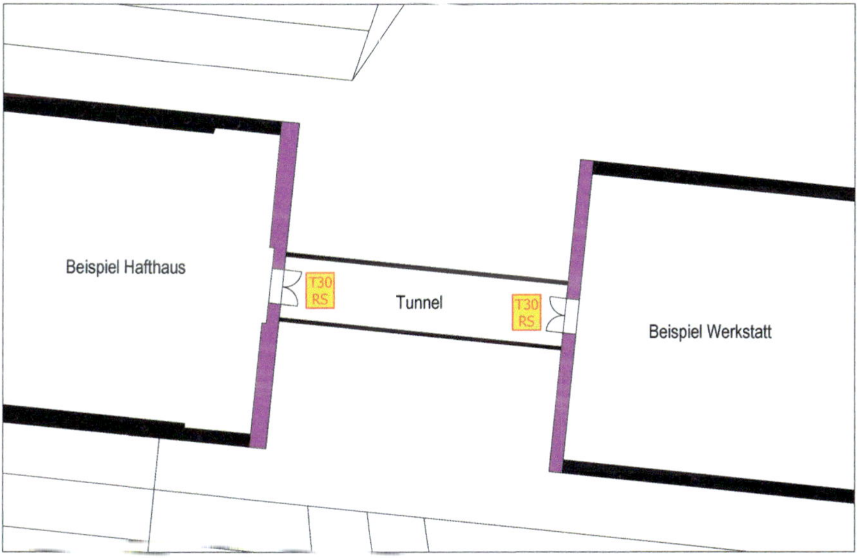

Abbildung 54: Schematische Darstellung für einen Personen-Erschließungstunnel als Verbindung zwischen einem Haftgebäude und einem Werkstattgebäude

4.4.3 Besonderheiten der Rettungswege

Die Forderungen nach mindestens zwei voneinander unabhängigen Rettungswegen ins Freie sowie der maximal zulässigen Rettungsweglänge von 35 m gemäß MBO [2] können bei der Bewertung der Personentunnel lediglich orientierend zur Beurteilung herangezogen werden, da es sich weder um eine wohnähnliche Nutzung handelt noch Aufenthaltsräume im unmittelbaren Bereich der Tunnelbauwerke vorhanden sind. Prinzipiell verfügen die Tunnelanlagen nutzungsbedingt über mindestens zwei alternative unabhängige Fluchtmöglichkeiten in die jeweils anbindenden Gebäude. In diesem Zusammenhang wird darauf verwiesen, dass bei Tunnelbauwerken von Straßenverkehrsanlagen Rettungsweglängen zwischen 100 m und 300 m üblicherweise akzeptiert werden bei vergleichsweise sehr großen Brandlasten. Eine abschließende Festlegung der Rettungsweglängen bedarf immer einer schutzzielorientierten Betrachtung des konkreten Einzelfalls. Eine Überschreitung der nach Bauordnungsrecht zulässigen Rettungsweglängen stellt jedoch prinzipiell formal eine Abweichung dar, die entsprechend zu kompensieren ist.

Denkbar wäre die zusätzliche Unterteilung in Rauchabschnitte oder die Überwachung mittels einer Brandmeldeanlage. Sämtliche Dämmstoffe, Verkleidungen an Wänden und Verkleidungen an Decken einschließlich Unterkonstruktionen müssen aus nichtbrennbaren Baustoffen bestehen. Die Tunnelanlagen sind absolut brandlastfrei zu halten. Das Aufstellen und Lagern von mobilen Brandlasten jeder Art, auch zeitweise, ist unzulässig. Die Türen in den Tunnelbereichen müssen ohne Anforderungen an Sicherheitstüranlagen der JVA-spezifischen Nutzungen (keine verschließbare Ausführung usw.) angeordnet und mit automatischen Feststellanlagen versehen werden, die die Tür im Normalbetrieb offenhalten, sodass sie im Justizvollzug kein Hindernis darstellen. Durch die mögliche zusätzliche Anordnung von Rauchschutztüren bleibt der Rauch bei einem Brandereignis auf einen begrenzten Bereich der Tunnelanlage beschränkt, sodass sich betroffene Personen gezielt in einen sicheren benachbarten Bereich zurückziehen können. Organisatorisch ist die ständige ungehinderte Benutzbarkeit der Türanlagen im Verlauf der Personentunnel mindestens während der Nutzungszeiten zu gewährleisten. Die Tunnelanlagen besitzen planmäßig keine eigenen Zu- und Ausgänge ins Freie. Die Realisierung der Rettungswege erfolgt über die notwendigen Treppenräume der anbindenden Gebäude und deren Ausgänge ins Freie unter Beachtung der spezifischen Besonderheiten der Sicherheitsaspekte der Justizvollzugsanstalt.

Weitere Ausführungen zu Rauchschutzmaßnahmen und zu Leitungsanlagen sind den Abschnitten 4.3.12 und 4.3.13 zu entnehmen.

4.5 Anlagentechnischer Brandschutz

4.5.1 Löschanlagen – Wandhydranten nass und Löschwasserleitungen „trocken“

Für die Planung, die Errichtung und den Betrieb von Löschwasseranlagen ist die DIN 14462 [71] zu beachten. Wandhydranten nach der Norm DIN 14461-1: 2016-10 [72] sind in Gebäuden fest installierte Feuerlösch-Schlauchanschlusseinrichtungen als Wasserentnahmestellen, die zur ersten Brandbekämpfung vorgesehen sind. Versorgt werden Wandhydranten von einer unter Druck stehenden Steigleitung. Diese Wandhydranten werden in zwei Typen untergliedert, die sich bezüglich ihrer Leistungsparameter wie Löschwassermenge und Art des Wasserversorgungsanschlusses deutlich unterscheiden. In der Norm DIN 14461-1: 2016-10 [72] werden Wandhydranten in die Typen S und F unterschieden. Bei den überwiegend in Haftgebäuden vorhandenen Wandhydranten handelt es sich um den Typ S. Der Feuerlöschschlauch ist hierbei aus einem formstabilen Material ausgeführt. Wandhydranten mit formstabilem Schlauch werden immer dann installiert, wenn im Brandfall anwesenden Personen (also auch Nichtfachleuten) die Möglichkeit der Selbsthilfe gegeben werden soll. Der Typ S ist dabei ein reiner Selbsthilfe-Wandhydrant, der nicht zur Löschwasserversorgung durch die Feuerwehr geeignet ist, da die Anschlussarmaturen nicht für Feuerwehrschläuche geeignet sind. [72] Der Wandhydrant wird mit seinem vom Deutschen Verein des Gas- und Wasserfaches (DVGW) zugelassenen Feuerlösch-Schlauchanschlussventil direkt an das Trinkwassernetz angeschlossen. Aufgrund der Anbindung an das Trinkwassernetz ist er jedoch auch in der Löschleistung auf maximal 12 l/min bis 24 l/m begrenzt. Wandhydranten vom Typ S nach DIN 14461-1:2016-10 [72] sind nur für die Brandklasse A (Brände fester Stoffe) nach DIN EN 2:2005-01 [73] zugelassen. Da Wandhydranten vom Typ S direkt mit dem Trinkwassernetz verbunden sind, stellen sie im Regelfall Trinkwasserleitungen dar und müssen alle Anforderungen der Reihe DIN 1988 [74] erfüllen. Deren Umsetzung gestaltet sich in der Praxis oftmals als schwierig. Dem gegenüber dienen Wandhydranten vom Typ F sowohl der Brandbekämpfung durch Laien als auch durch die Feuerwehr. Die Wandhydrantenschränke (Abbildung 55) beinhalten oftmals gleichzeitig mehrere Erweiterungen (Wandhydranten-Kombinationen) wie zum Beispiel tragbare Feuerlöscher und/oder Handfeuermelder (Druckknopffeuermelder als manueller Melder für eine Brandmeldeanlage). In bestehenden Anstalten sind Wandhydranten im Bereich der Flure der Zellentrakte größtenteils vorhanden.[14] Diese sind aufgrund der spezifischen

14 Gemäß Angaben in den „Handlungsempfehlungen NRW“ [24] verfügen ca. 85 % der Justizvollzugsanstalten von NRW über Wandhydranten.

Nutzung durch besondere Vorkehrungen, beispielsweise durch Alarmüberwachung oder Integration in das JVA-Schließsystem, gegen Missbrauch (z. B. Benutzung als Waffe) und Manipulation durch Gefangene zu sichern.

Auch wenn Wandhydranten des Typs S rein formal keine Löscheinrichtungen für die Feuerwehr darstellen, bieten sie für die spezielle Nutzungsart gewisse Vorteile zur Bekämpfung von Entstehungsbränden bei Nutzung durch das Vollzugspersonal. Beispielsweise entfällt das aufwendige Verlegen von Schlauchleitungen durch Öffnungen von Durchgangstüren, die während der Brandbekämpfung entgegen ihrer Zweckbestimmung im unverschlossenen Zustand ein Risiko im Sinne der Umsetzung des Sicherheitskonzeptes darstellen würden (vgl. [24], Pkt. 5.9).

Löschwasserleitungen „trocken" (in der Praxis auch als Steigleitung „trocken" bezeichnet) sind Feuerlösch-Schlauchanschlusseinrichtungen nach DIN 14461-2:2009-09 [75], die ausschließlich zur Nutzung durch die Feuerwehr bestimmt sind und nicht als Selbsthilfe-Einrichtungen genutzt werden können. Löschwasserleitungen „trocken" (Abbildung 56) verfügen über eine Einspeiseeinrichtung (zur Löschwassereinrichtung) und eine Entnahmeeinrichtung für die Feuerwehr. Die Einspeiseeinrichtungen können auch als Noteinspeisung für die Feuerwehr bei Löschwasseranlagen dienen.

Fazit: Beide Anlagentypen bieten sowohl Vor- als auch Nachteile und haben ihre Berechtigung in geschlossenen Einrichtungen des Justizvollzugs – Wandhydranten für eine Entstehungsbrandbekämpfung durch geschultes Vollzugspersonal und Trockensteigleitungen für den Einsatz durch die Feuerwehr. Eine abschließende Festlegung der Anlagentechnik sollte in Auswertung der konkreten Situation und in Abstimmung mit dem Nutzer und der Feuerwehr erfolgen.

Abbildung 55: Wandhydrantenschrank im Bereich der Flure

Abbildung 56: Anschluss Löschwasserleitung „trocken“ im notwendigen Treppenraum

4.5.2 Brandmeldeanlagen, Hausalarm und Alarmierung

Entscheidend für die Personenrettung ist die frühzeitige Erkennung eines Brandes durch das Aufsichtspersonal der geschlossenen Einrichtung. Die Vorteile einer automatischen Brandmeldeanlage bestehen hauptsächlich in der Branddetektion im frühen Stadium eines Entstehungsbrandes. Die Planung und Errichtung von Brandmeldeanlagen erfolgt insbesondere unter Beachtung der Normenreihe DIN EN 54 [76], DIN VDE 0833-1:2014-10 und DIN VDE 0833-2: 2022-06 [77] sowie DIN 14675-1:2020-01 [78]. Brandmeldeanlagen können, insofern bauordnungsrechtlich oder konzeptionell nicht ohnehin bereits gefordert, in Kombination mit anderen Maßnahmen zur Kompensation vorhandener brandschutztechnischer Defizite, insbesondere bei der Sanierung von bestehenden Anlagen, auch unter denkmalpflegerischen Gesichtspunkten, herangezogen werden.

Eine Befragung in den Justizvollzugsanstalten des Landes Nordrhein-Westfalen zum baulichen Brandschutz hat ergeben, dass etwa 80 % der insgesamt 37 Justizvollzugsanstalten über automatische Brandmeldeanlagen verfügen. Davon wiederum waren ein Drittel mit flächendeckender Brandmeldetechnik ausgestattet. Bei etwa 20 % der mit Brandmeldeanlagen ausgestatteten Justizvollzugsanstalten erfolgt eine Alarmweiterleitung direkt zur Feuerwehr. Bei dem Großteil der befragten Anstalten (ca. 80 %) wird der Alarm zunächst auf eine ständig besetzte Stelle (z. B. Sicherheitszentrale) weitergeleitet (vgl. [24], Pkt. 2.4).

Die Ausstattung der Brandmeldetechnik differiert zwischen den Anstalten zum Teil erheblich. Der Schutzumfang durch punktförmige Rauchmelder beschränkt sich häufig auf die Flure sowie auf Technikräume, Haftküchen und Kühlschrankräume in Haftbereichen. Nichtautomatische Brandmelder (Handfeuermelder) werden überwiegend im Bereich der Haftflure angeordnet.

Aufgrund der spezifischen Besonderheit der Nutzung *Justizvollzugsanstalt* bzw. sonstiger geschlossener Einrichtungen wird die Alarmierung des Aufsichtspersonals in Form eines sogenannten stillen Alarms empfohlen. Um die Gefangenen bzw. Patienten nicht zu beunruhigen bzw. zur Vermeidung von gezielten Manipulationsversuchen, erfolgt in der Phase der Alarmierung keine weitere Warnung (z. B. durch akustische Signale) im jeweiligen Gebäude. Ein Alarmsignal kann je nach technischer Ausstattung der jeweiligen Einrichtung über das zentrale Alarmmanagementsystem beispielsweise auf die Personennotsignalsysteme des Vollzugspersonals weitergeleitet werden (vgl. Abschnitt 4.5.4 – *Sicherheitssysteme*). Die Brandmelderzentrale befindet sich aus Gründen der Sicherheit und der zentralen Zugänglichkeit durch die Feuerwehr üblicherweise im Pfortengebäude bzw. in der Sicherheitszentrale. Die Sicherheitszentrale stellt aufgrund des 24-Stunden-Schichtsystems eine ständig besetzte Stelle dar. Von dort erfolgt die weitere Alarmierung der Feuerwehr nach Auswertung der konkreten Situation in Abstimmung mit der Leitung der jeweiligen Einrichtung. Für ausgedehnte Anlagen kann die Anordnung von Parallelanzeigen für den Einsatz der Feuerwehr sinnvoll sein. Um eine Manipulierung durch Gefangene bzw. Patienten zu erschweren, empfiehlt sich der Einsatz von Mehrkriterienmeldern bzw. die Errichtung der Anlage unter Beachtung von technischen Maßnahmen zur Vermeidung von Falschalarmen. Eine in der Praxis häufig anzutreffende Vorkehrung zur Verhinderung der Manipulation oder gezielten Beschädigung von Brandmeldern ist eine vandalismusgeschützte Ausführung durch Schutzkörbe, die über den Brandmeldern zusätzlich montiert werden, oder durch eine Versenkung in entsprechende Bauteilaussparungen in der Deckenkonstruktion. Bei diesen Maßnahmen ist zwingend auf die Konformität mit den Einbauanweisungen der Hersteller sowie den zutreffenden Normenwerken zu achten. Durch feinmaschige Schutzkörbe besteht möglicherweise die Gefahr der Abschirmung der zu detektierenden Partikel im Bereich unmittelbar um den Melder. Die Brandmeldetechnik ist daher im Rahmen der Gesamtbetrachtung im Brandschutzkonzept durch einen Fachplaner für Brandmeldeanlagen auf die spezifische Nutzung angepasst zu planen. Beispielsweise können speziell für den Einsatzzweck *Justizvollzug* konstruierte vandalismussichere Brandmelder eingesetzt werden, die für eine deckenbündige Unterputzmontage vorgesehen sind. Eine sinnvolle Alternative kann auch der Einsatz von Ansaugrauchmeldern sein [79]. Der Vorteil von Ansaugrauchmeldern besteht darin, dass sie aufgrund der lediglich wenige Millimeter großen Ansauglöcher in der Wand- oder Deckenkonstruktion kaum Angriffsfläche für eine bewusste Beschädigung bieten und damit auch in den Hafträumen bzw. in den Patientenzimmern angeordnet werden können.

Auch für die unterirdischen Erschließungssysteme, die bestimmungsgemäß der Personenbewegung von Gefangenen ohne Aufsicht des Vollzugspersonals dienen sollen, ist eine Überwachung – aufgrund der Manipulationsgefahr durch Gefangene – mittels Videotechnik und Brandmeldetechnik grundsätzlich sinnvoll. Die Brandmeldeanlage für die Tunnelabschnitte ist, wie auch die Brandmeldetechnik für die Unterkunftsgebäude (zum Beispiel Hafthäuser), auf die ständig besetzte Sicherheitszentrale (z. B. Torwache) aufzuschalten. Zusätzliche Handfeuermelder sind gemäß DIN 14675 [78]/DIN VDE 0833-2:2022-06 [77] im Verlauf der Tunnelführung (z. B. im Bereich der Türen) vorzusehen.

Im Brandschutzkonzept ist auch festzulegen, welche Brandschutzeinrichtungen durch die Brandmeldeanlage zusätzlich angesteuert werden sollen. Dies können beispielsweise folgende Komponenten sein:

- Feststellanlagen für Feuerschutzabschlüsse
- Feuerlöschanlagen
- natürliche und maschinelle Entrauchungsanlagen
- raumlufttechnische Anlagen
- akustische Signalgeber und Lautsprecheranlagen
- Brandfallsteuerung der Aufzüge

Brandmeldeanlagen sind prinzipiell mit entsprechendem Funktionserhalt für mindestens 30 Minuten auszulegen und mit einer ausreichend dimensionierten Netzersatzstromversorgung auszustatten. Hausalarmanlagen mit manuellen Druckknopf-Alarmmeldern dienen im Wesentlichen der internen Alarmierung bei möglichen Sicherheitsproblemen im Umgang mit Gefangenen, dem Personenschutz bei Ausbruchversuchen sowie bei Übergriffen auf das Wachpersonal und können auch zusätzlich zur Alarmierung im Brandfall herangezogen werden. Die Mitarbeiter des Justizvollzugs sind im Rahmen der allgemeinen Unterweisungen zum Brandschutz im richtigen Umgang mit diesen Anlagen sowie im Verhalten im Alarmierungsfall wiederkehrend zu unterrichten.

4.5.3 Sicherheitsbeleuchtung und Sicherheitsstromversorgung

Unter Beachtung der Nr. 8 der technischen Regeln für Arbeitsstätten (ASR) A 2.3 [63] sind Fluchtwege mit einer Sicherheitsbeleuchtung auszurüsten, wenn bei Ausfall der allgemeinen Beleuchtung das gefahrlose Verlassen der Arbeitsstätte nicht gewährleistet ist. Diese technische Regel trifft inhaltlich sowohl auf die betrachteten Unterkunftsgebäude als auch auf sensible Gebäudeteile wie Sicherheitszentrale bzw. Pfortengebäude zu. Für alle Bereiche mit JVA-Schließungen ist eine Sicherheitsbeleuchtung vorzusehen, da hier auch bei Stromausfall stets eine sichere Schließung, gerade auch im Sinne der Personenrettung im Falle eines Brandereignisses, durch das Justizvollzugspersonal gewährleistet sein muss. Für die Sicherheitszentrale bzw. das Pfortengebäude ist zusätzlich auch der Sicherheitsansatz der ASR 3.4 Abschnitt 7 [80], insbesondere speziell für den Bereich der Torwache, zutreffend, da durch den Ausfall der Allgemeinbeleuchtung eine besondere Gefährdung für die Beschäftigten eintreten könnte. Ein möglicher Netzstromausfall, der hier nicht nur die Sicherheitsbeleuchtung betrifft, würde in diesem Bereich prinzipiell zu einer Handlungsunfähigkeit in Bezug auf den Ein- und Auslass sowie die Fahrzeugschleuse für das Anstaltsgelände führen (zu beachten sind Motorschlösser, Haupttor als Zufahrt für Rettungskräfte u. Ä.) und somit ein nicht hinnehmbares Sicherheitsrisiko darstellen.

Für die Aufrechterhaltung der Funktionsweise bei Ausfall der allgemeinen Stromversorgung müssen die sicherheitsrelevanten Einrichtungen, wie insbesondere die Sicherheitsbeleuchtung sowie die Alarmierungsanlage, über eine sich selbsttätig einschaltende Ersatzstromversorgung verfügen. Dies betrifft insbesondere folgende Komponenten:

- Beleuchtung der inneren und äußeren Verkehrswege sowie der sicherheitsrelevanten Beleuchtung des Außengeländes
- beleuchtete Schilder zur Kennzeichnung der Rettungswege
- haustechnische Anlagen, soweit diese Anlagen weiterbetrieben werden müssen (Schwerpunkt sicherheitstechnische Einrichtungen wie Alarmeinrichtungen und Warnanlagen)

Für die Versorgung der sicherheits- und brandschutzrelevanten Einrichtungen sind Leitungsanlagen mit Funktionserhalt gemäß MLAR [66] vorzusehen.

Die Dauer des Funktionserhaltes muss mindestens 30 Minuten betragen für folgende Anlagen:

- Brandmeldeanlage
- Sicherheitsbeleuchtung
- Alarmierungsanlagen

Für die sicherheits- bzw. brandschutzrelevanten Einrichtungen der Tunnelbauwerke (z. B. Sicherheitsbeleuchtung, Brandmeldeanlage, Sicherheitstechnik, Videoüberwachung, Feststellanlagen der Feuerschutzabschlüsse, Rauchschutztüren usw.) ist eine Anbindung an die Ersatzstromversorgung des Gesamtobjektes zu realisieren.

4.5.4 Sicherheitssysteme

Das hauptsächliche Schutzziel von Justizvollzugsanstalten und sonstigen geschlossenen Einrichtungen besteht in der Gewährleistung der inneren Sicherheit in Verbindung mit der Verhinderung von Ausbrüchen. Zur Umsetzung dieses Schutzzieles ist eine Vielzahl von technischen Einzelsystemen erforderlich. In Justizvollzugsanstalten relevante Sicherheitssysteme sind beispielsweise:

- Personennotsignalanlagen (PNA) oder Personennotsignalsysteme
- Videoüberwachung und Bewegungsmelder
- Überfallmeldeanlagen
- Ausbruchmeldeanlagen

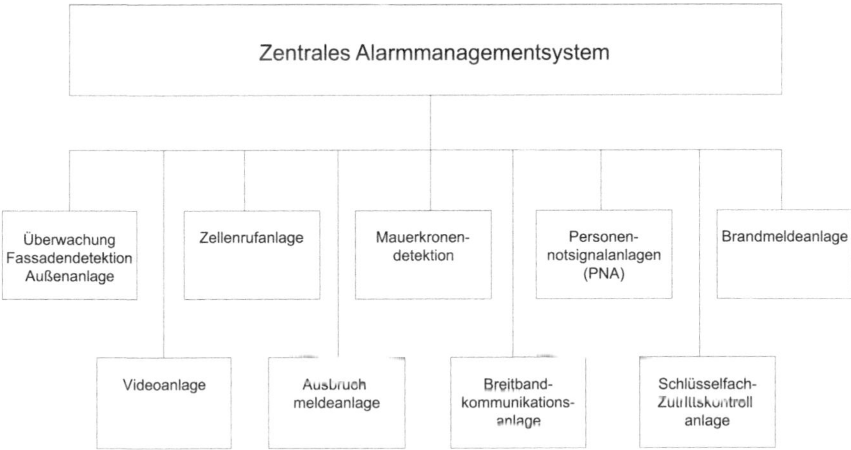

Abbildung 57: Schematische Übersicht der Komponenten eines zentralen Alarmmanagementsystems (Auswahl) [81]

- Zutrittskontrollsysteme
- Schließsysteme
- zentrale netzwerkgesteuerte Managementsysteme
- Brandmeldeanlagen
- Fassaden- und Mauerkronendetektion
- Drohnendetektions- und Drohnenabwehrsysteme
- Schlüsseldepotsysteme und Schlüsselfach-Zutrittskontrollanlagen
- Zellennotrufanlagen

Die Sicherheitssysteme einer geschlossenen Einrichtung des Justizvollzugs dienen in erster Linie der Umsetzung der primären Schutzziele (Verhinderung von Ausbrüchen und von unberechtigtem Eindringen), aber auch dem Schutz des Justizvollzugspersonals vor Übergriffen durch Gefangene und dem Schutz der Gefangenen untereinander. Die Sicherheitsarchitektur in modernen Justizvollzugsanstalten wird heute durch hochkomplexe vernetzte Systemlösungen in Ring-Bustechnik umgesetzt. Diese integrierten Sicherheitssysteme umfassen und steuern ganzheitlich technische Anlagen wie Ausbruchmeldeanlagen, Personennotsignalanlagen, Videoüberwachung, Zutrittskontrollsysteme, Brandmeldesysteme, Schlüsselfachanlagen und Schließsysteme [81].

Das zentrale Alarmmanagementsystem (Abbildung 57) ist mit seinen Sicherheitskomponenten auf das spezielle Sicherheitskonzept der jeweiligen geschlossenen Einrichtung abzustimmen.

4.5.5 Blitzschutzanlage

Aufgrund der spezifischen Nutzungsart *Justizvollzug* und des daraus resultierenden Risikos, dass im Falle eines Blitzeinschlages mit schwereren Folgen, auch im Hinblick auf die innere Sicherheit, zu rechnen ist, ist im Sinne des § 46 MBO eine dauerhaft wirksame Blitzschutzanlage vorzusehen. Dies betrifft sowohl die äußere Blitzschutzanlage als auch die Installation eines internen Blitzschutzes, vor allem zum Schutz der EDV-Anlagen, aber auch der allgemeinen Elektroanlagen zur Versorgung sicherheitsrelevanter Einrichtungen. Bei der Verlegung von Blitzableitungen an den Fassaden der Haftgebäude ist zu beachten, dass diese nicht als Steig- oder Kletterhilfe missbräuchlich genutzt werden können.

4.6 Organisatorischer Brandschutz

Wesentlich für die Funktionsweise des Gesamtsystems Brandschutz in Justizvollzugsanstalten ist das optimale Zusammenwirken der baulichen Anlagen und Einrichtungen in Kombination mit dem betrieblichen Brandschutz. Folgende Belange für den Fall eines Brandereignisses sind nach [24] für die Betrachtung des organisatorischen Brandschutzes in einer geschlossenen Einrichtung des Justizvollzugs prinzipiell zu beachten:

Interne Organisation der Maßnahmen durch das Justizvollzugspersonal

- Alarmierung des Vollzugspersonals
- gezielte Bekämpfung von Entstehungsbränden
- Freisetzung des Personals durch sofortigen Einschluss der Gefangenen in sicheren Bereichen
- Entfluchtung unmittelbar gefährdeter Personen
- Alarmierung Feuerwehr, Rettungsdienst, Polizei durch Sicherheitszentrale

Organisation der Polizei- und Rettungsdienste

- Koordinierung Zugang Feuerwehr zum Anstaltsgelände
- dem Einsatzleiter der Feuerwehr ist eine Person mit Ortskenntnis als Ansprechpartner zur Verfügung zu stellen
- Aufgabenzuweisung für Polizei und Rettungsdienste
- Sicherstellung der Löschwasserversorgung

Organisation der Aufrechterhaltung der Sicherheitsstrukturen

- Das Schutzziel der Gewährleistung der Ausbruchsicherheit muss auch im Falle eines Brandereignisses wirksam durch geeignete Maßnahmen umgesetzt werden können.

4.6.1 Brandschutzordnung/Feuerwehrpläne

Die Aufgabenverteilung der Bediensteten der Justizvollzugsanstalt im Brandfall muss in einer Brandschutzordnung klar geregelt werden. Die Brandschutzordnung soll sich an DIN 14096 orientieren, ist jedoch nutzungsspezifisch anzupassen. In die Brandschutzordnungen ist ein Evakuierungsplan für den Brandfall zu integrieren. Dieser muss wesentliche Aspekte der Fremdrettung der Gefangenen und Besucher durch das Dienstpersonal der Justizvollzugsanstalt regeln. Es ist organisatorisch sicherzustellen, dass das Dienstpersonal während der gesamten Dienstzeit die Schlüssel der JVA-Schließung mit sich führt, da die ausreichende Benutzung der Rettungswege ausschließlich über dieses System möglich ist. Im Rahmen der Brandschutzordnung ist ebenfalls die Personenrettung von zivilen Personen, wie beispielsweise die Mitarbeiter von Wartungsfirmen o. Ä., im Brandfall festzulegen. Für diesen Personenkreis ist entsprechend verantwortliches Dienstpersonal vorzusehen. Die Anstaltsleitung oder der Brandschutzbeauftragte ist in Zusammenarbeit mit der zuständigen Brandschutzdienststelle sowie der Feuerwehr für die Aufstellung einer Brandschutzordnung bzw. eines Sicherheits- und Alarmplans zuständig. Der Anstaltsleiter ist gemäß § 156 StVollzG verantwortlich für den gesamten Vollzug und vertritt die Anstalt nach außen. Er ist mit relativ weitreichenden Kompetenzen und Befugnissen ausgestattet (vgl. [12], S. 207).

Die Brandschutzordnung ist entsprechend den Geltungsbereichen dem Personal sowie den sonstigen Personen bekannt zu geben und die Mitarbeiter sind regelmäßig wiederkehrend zu unterweisen. Die im Gebäude beschäftigten Personen müssen zu Tätigkeitsbeginn und danach mindestens einmal jährlich belehrt werden. Die Brandschutzordnung muss insbesondere Hinweise auf die notwendigen Maßnahmen zur Brandverhütung enthalten, Auskunft über die vorhandenen Melde- und Alarmierungsmöglichkeiten geben sowie Verhaltensmaßregeln für die Anstaltsleitung, die Mitarbeiter und sonstige Personen im Brandfall (Einleiten der Gebäudeevakuierung, Rettung von behinderten oder verletzten Personen, Erstbrandbekämpfung usw.) aufzeigen. Das orts- und sachkundige Personal ist darüber zu belehren, ob und wie die eintreffende Feuerwehr in die Brandsituation einzuweisen ist. Das Dienstpersonal der geschlossenen Einrichtung ist im praktischen Umgang mit Feuerlöschern und Wandhydranten im Sinne des § 10 ArbSchG [82] zu unterrichten. Es sind verantwortliche Personen, insbesondere ein Brandschutzbeauftragter, festzulegen. Die Brandschutzordnung muss weiterhin regeln, wie der Zugang der Feuerwehr über die Fahrzeugschleuse auf das Gelände erfolgt, sodass ein zügiger Zugriff zur Brandstelle im Gebäude möglich ist. Dem Einsatzleiter sollte eine Person mit Ortskenntnis zur Verfügung gestellt werden. Aufgrund der spezifischen Gefährdungssituation sind für geschlossene Einrichtungen des Justizvollzugs Feuerwehrpläne nach DIN 14095 [83] zu erstellen. Diese sind außerdem mit der zuständigen Brandschutzdienststelle bzw. Feuerwehr abzustimmen sowie aus organisatorischen Gründen möglichst in der Torwache stets bereitzuhalten.

4.6.2 Flucht- und Rettungspläne

Da es sich bei geschlossenen Einrichtungen des Justizvollzugs um Arbeitsstätten mit einer nutzungsspezifisch erhöhten Gefährdung handelt, sind die vom Bundesministerium für Arbeit und Soziales für Arbeitsstätten beschlossenen Technischen Regeln für Arbeitsstätten, wie beispielsweise die ASR 2.3 „Fluchtwege und Notausgänge" [63], grundsätzlich anzuwenden. Die zu erstellenden Flucht- und Rettungspläne, die nutzungsbedingt ausschließlich der Orientierung des Justizvollzugspersonals dienen und ausdrücklich nicht für Gefangene bestimmt sind (Gefahr der Fluchtplanung), müssen den Ausführungen der ASR 2.3 „Fluchtwege und Notausgänge" sowie der BGV A8 [84] und der DIN 4844-2:2021-11 [85] bzw. der DIN ISO 23601:2021-11 [86] entsprechen. Als Standort für die Aushänge sind Dienstzimmer oder andere Bereiche ohne Zugangsberechtigung durch Gefangene zu empfehlen.

4.6.3 Feuerlöscher

Für geschlossene Einrichtungen des Justizvollzugs sind zur erfolgreichen Bekämpfung von Entstehungsbränden durch das Justizvollzugspersonal tragbare Handfeuerlöscher nach Reihe DIN EN 3 [87] in den erforderlichen Mengen an Löschmitteleinheiten (LE) gemäß BGR 133 [88] bzw. VdS 2001 [89] vorzuhalten. Dabei ist dem Missbrauch durch Gefangene, ggf. als Waffe, durch geeignete Maßnahmen, wie beispielsweise die Aufbewahrung in gesicherten Schränken, vorzubeugen. Bei der Verwendung von Pulverlöschern sind deren Nachteile aufgrund starker Rückstände, speziell auch infolge missbräuchlicher Benutzung, zu berücksichtigen. Der Einsatz von Wasser- und Schaumlöschern ist dem Einsatz von Pulverlöschern für den Einsatzzweck *Haftraumbrand* daher vorzuziehen (vgl. [24], Pkt. 5.9.2).

4.7 Unterstützung des abwehrenden Brandschutzes

4.7.1 Besonderheiten der Zugänglichkeit zum Grundstück sowie Flächen für die Feuerwehr

Das Gelände einer geschlossenen Einrichtung des Justizvollzugs beinhaltet eine Vielzahl von Funktionseinheiten (vgl. Abschnitt 2.4 – *Aufbau und Funktionseinheiten einer Justizvollzugsanstalt*) mit unterschiedlichen Nutzungen. Die Erschließung innerhalb des Anstaltsgeländes erfolgt über ein inneres Verkehrswegenetz, dessen Anlage und Dimensionierung auch für die Rettungs- und Hilfskräfte von besonderer Bedeutung sind. Für die Planung der Verkehrsflächen sind die nach DIN 14090:2003-05 [90] und der Muster-Richtlinien über Flächen für die Feuerwehr [91] geforderten Fahrspurbreiten und -radien zu berücksichtigen. Für die Auslegung der Tragfähigkeit für die Nutzung der Feuerwehrfahrzeuge sind eine zulässige Gesamtmasse von 16 t und eine Achslast von 10 t zu berücksichtigen. Dies betrifft selbstverständlich auch die Überfahrten über möglicherweise vorhandene Tunnelbauwerke. Zu beachten ist die Besonderheit, dass die einzige Zufahrt zum Grundstück der Justizvollzugsanstalt aufgrund der spezifischen Schutzziele (vgl. Abschnitt 4.2) bestimmungsgemäß ausschließlich über das gesicherte Haupttor in Kombination mit einer Sicherheitsschleuse für Kraftfahrzeuge (Abbildung 58) erfolgt. Diese Grundstückszufahrt muss zunächst die Erfordernisse an eine Feuerwehrzufahrt nach DIN 14090:2003-05 [90] mit einer lichten Breite von mindestens 3,00 m erfüllen.

Abbildung 58: Fahrzeugschleuse

Abbildung 59: Havarieschleuse

Die Abwicklung des gesamten Fahrzeugverkehrs für die komplette Erschließung sowie die Ver- und Entsorgung der geschlossenen Einrichtung über lediglich eine Zugangsmöglichkeit stellt ein nicht zu unterschätzendes Risiko dar. Im Falle eines technischen Defektes der Torsteuerung bzw. der Torantriebe, aber auch bei einer ungewollten oder manipulierten Störung eines Fahrzeuges, das sich gerade innerhalb der Schleuse befindet, wäre kein Zugang für Einsatzfahrzeuge der Polizei, der Rettungsdienste oder der Feuerwehr in das Anstaltsgelände möglich. Unter Berücksichtigung dieser potenziellen Schwachstellen ist die Anordnung einer weiteren Schleuse, einer sogenannten Havarieschleuse (Abbildung 59), zu empfehlen.

Havarieschleusen sind meist ohne aufwendige technische Einrichtungen manuell zu öffnen und ermöglichen beispielsweise den Abtransport von Krankenfahrzeugen, während die Hauptschleuse zeitgleich als Zufahrt für die Feuerwehr genutzt werden kann. Aus taktischen Überlegungen sollte die Havarieschleuse auf dem Gelände möglichst weit entfernt zur Hauptschleuse angeordnet werden.

Die Planung der Fahrspuren, Aufstell- und Bewegungsflächen innerhalb des Anstaltsgeländes erfolgt unter Berücksichtigung der DIN 14090: 2003-05 [90] sowie der über die Muster-Verwaltungsvorschrift Technische Baubestimmungen (MVV TB) [3] als Technische Baubestimmung eingeführten Muster-Richtlinien über Flächen für die Feuerwehr [91]. Die Fahrwege sowie die Aufstell- und Bewegungsflächen für die Feuerwehr sind mit der zuständigen Feuerwehr abzustimmen. Eine Aufstellfläche für den Einsatz von Hubrettungsfahrzeugen ist, wenn überhaupt erforderlich, lediglich für Nebennutzungen wie beispielsweise Verwaltungsgebäude (ohne Zugang für Gefangene bzw. Patienten) o. Ä. auszubilden. Weitere Aufstellflächen sind auf dem Gelände von Justizvollzugsanstalten nicht vorzusehen, da ein Anleitern mittels Rettungsgeräten der Feuerwehr im Bereich der Hafthäuser bzw. sonstigen Unterkunftsgebäuden des geschlossenen Vollzugs nicht infrage kommt (zu beachten: Fenstervergitterung usw.). Die Personenrettung aus den Haftgebäuden bzw. sonstigen Unterkunftsgebäuden des geschlossenen Vollzugs erfolgt ausschließlich über bauliche Rettungswege. Bei der Planung des inneren Wegenetzes in Abstimmung mit der Feuerwehr ist die Ausbildung einer Feuerwehrumfahrt sinnvoll, die dem ungefähren Verlauf der Anstaltsgrenze anzupassen ist. Die Abbildung 60 und Abbildung 61 zeigen beispielhafte Lösungen für die Realisierung geeigneter Bewegungsflächen für die Feuerwehr (z. B. für die Bekämpfung). Die Lage von Bewegungsflächen für den Löschangriff ist hinsichtlich einsatztaktischer Belange mit der zuständigen Feuerwehr abzustimmen.

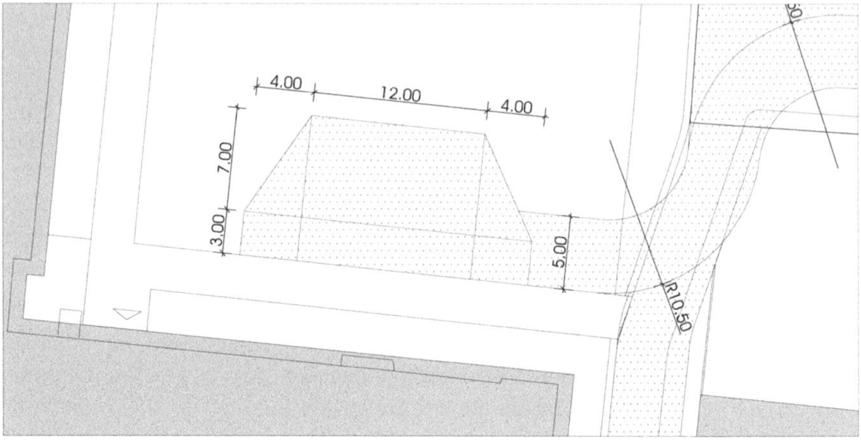

Abbildung 60: Beispiel für die Ausführung einer Bewegungsfläche vor den Außenwänden eines Haftgebäudes

Es empfehlen sich hierfür exponierte Standorte wie Freistundenhöfe, die die orthogonal zueinander stehenden Gebäudeflügel der Hafthäuser bilden. Die Zufahrten zu den nutzungsbedingt durch Zaunanlagen gesicherten Höfen erfolgen über entsprechende Toranlagen. Dabei ist organisatorisch zu klären, wie der Zugang durch die Feuerwehr für den Einsatzfall sichergestellt werden kann.

Ob im Einsatzfall eine Nutzung dieser Zufahrten zu den „Höfen" durch die Feuerwehr erfolgt, entscheidet die Einsatzleitung anhand der einsatztaktischen Bedingungen und unter Beachtung des möglichen „Trümmerschattens"[15]. Die gesicherten Höfe dienen gewöhnlich auch als Sammelplatz, da ein direkter Ausgang der Rettungswege auf öffentliche Verkehrsflächen schutzzielbedingt auszuschließen ist.

Bei bestehenden Justizvollzugsanstalten bzw. sonstigen geschlossenen Einrichtungen des Justizvollzugs lassen sich diese Vorgaben nicht immer optimal umsetzen. Aufgrund der vorhandenen städtebaulichen Verhältnisse des jeweiligen Mikrostandortes (z. B. hohe Bebauungsdichte) ist die vorschriftenkonforme Ausbildung der Zufahrten und Flächen für die Feuerwehr sowie Anordnung einer Havarieschleuse oftmals nicht oder nur mit Abstrichen möglich.

15 Ein Trümmerschatten ist der Gefahrenbereich, der durch herabstürzende Trümmer getroffen werden kann. [92]

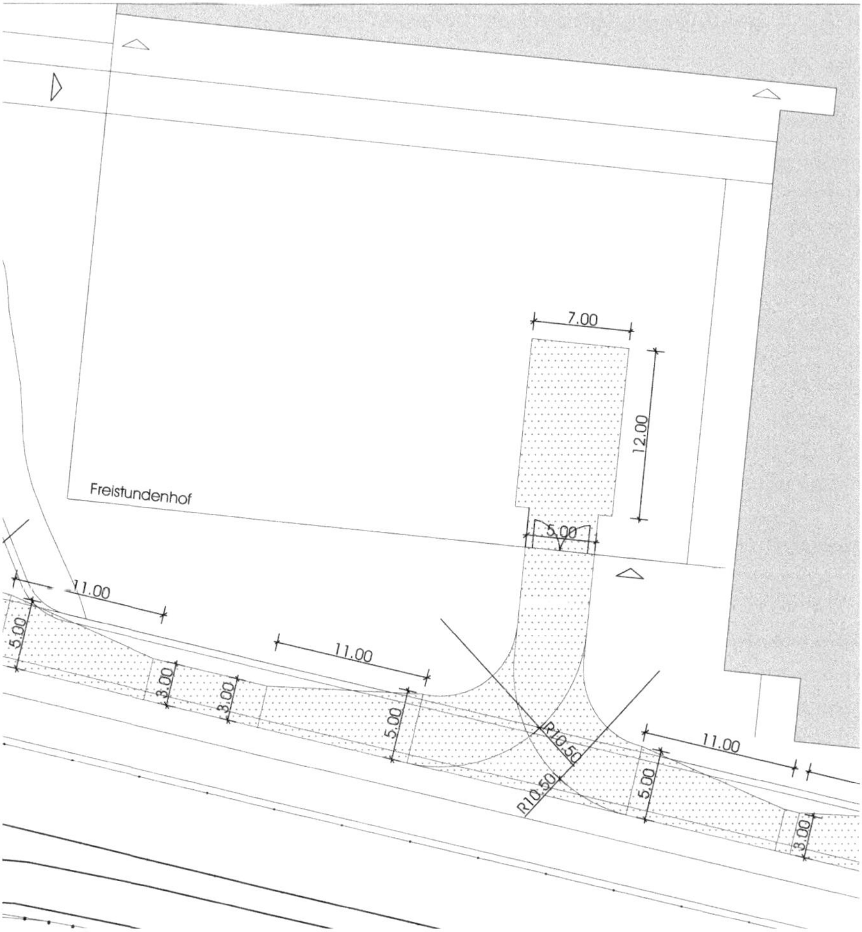

Abbildung 61: Beispiel für die Ausführung einer Bewegungsfläche im Bereich eines Freistundenhofes (die Zugänglichkeit durch die Feuerwehr ist organisatorisch hinsichtlich der JVA-Sonderschließung abzustimmen)

4.7.2 Besonderheiten der Löschwasserversorgung

Die Löschwasserversorgung erfolgt im Allgemeinen über das Leitungsnetz der öffentlichen Trinkwasserversorgung und kann nach dem Anwendungsbereich in *Grundschutz* und *Objektschutz* untergliedert werden. Für die Sicherstellung des Grundschutzes sind nach den Brandschutzgesetzen der jeweiligen Bundesländer die Gemeinden zuständig. Zur überschlägigen Bemessung des Löschwasserbedarfes des Grundschutzes kann das DVGW-Arbeitsblatt W 405 herangezogen werden [93]. In Anwendung der Technischen Regel Arbeitsblatt W 405 Ausgabe 2008 ergibt sich nach Tabelle 1 aufgrund der für Hafthäuser von Justizvollzugsanstalten bzw. für Unterkunftsgebäude sonstiger geschlossener Einrichtungen gewöhnlich zutreffenden Objektparameter, die die Einstufungskriterien Anzahl Vollgeschosse und Geschossflächenzahl (GFZ) teilweise deutlich überschreiten, als Richtwert für den Löschwasserbedarf eine Löschwassermenge von 96 m^3/h als Höchstwert für den Grundschutz bei kleiner Brandausbreitung, die für den Zeitraum von mindestens zwei Stunden zur Verfügung zu stellen ist. Erhöhte Anforderungen für den Objektschutz sind zunächst nicht zu stellen, es sei denn, diese werden durch die Einrichtung gesondert gefordert. Der Löschwasserbedarf ist mit der zuständigen Feuerwehr abzustimmen. Bei bestehenden Anlagen ist zu prüfen, ob die vorhandene Trinkwasserversorgungsleitung zur alleinigen Sicherstellung der Löschwasserversorgung ausreichend geeignet ist. Festgestellte Defizite zum Grundschutz können beispielsweise über die Realisierung von Zisternen als Speichervorrat kompensiert werden. Empfehlenswert ist auch eine weitere unabhängige Trinkwassereinspeisung. Die Versorgung mittels zweier unabhängiger Trinkwassereinspeisungen stellt eine optimale Sicherstellung des Löschwasserbedarfs dar. Gerade aufgrund der spezifischen Nutzungsart *Justizvollzug* sind bei der Planung der Löschwassereinrichtungen weitere Besonderheiten zu beachten. Im Brandfall ist der Zugang zu Wasserentnahmestellen im Bereich der öffentlichen Verkehrsfläche nur bedingt möglich. Aufgrund der vorhandenen Sicherheitseinrichtungen in geschlossenen Einrichtungen des Justizvollzugs ist die Löschwasserversorgung über Löschwasserleitungen vom öffentlichen Verkehrsraum in das Anstaltsgelände hinein nahezu ausgeschlossen. Daher nimmt die Löschwasserversorgung innerhalb des Anstaltsgeländes eine zentrale Bedeutung ein [94]. Um dieser Problemstellung entgegenzuwirken, können beispielsweise bereits in der Planungsphase Löschwasserleitungen trocken als Verbindung zwischen Außenbereich und dem Anstaltsgelände mit entsprechenden Einspeisemöglichkeiten außerhalb der Anstaltseinfriedung konzipiert werden (Abbildung 62).

Abbildung 62: Mögliche Ausführung einer Löschwassereinspeisung außerhalb des JVA-Geländes

4.8 Zusammenstellung und Wertung von Defiziten – Lösungsvarianten und Kompensationsmaßnahmen

Die materiellen Anforderungen des Bauordnungsrechtes können, insbesondere im Bestand, nicht oder nur mit unverhältnismäßig hohem Aufwand umgesetzt werden. In Auswertung des baulichen Bestandes sowie der aufgenommenen brandschutztechnischen Infrastruktur aus den Erfahrungen verschiedener praxisorientierter Brandschutzkonzepte können exemplarisch folgende, für Justizvollzugsanstalten und sonstige Einrichtungen des geschlossenen Justizvollzugs charakteristisch zutreffende Defizite und materielle Abweichungen vom Bauordnungsrecht (Auswahl) tabellarisch zusammengefasst dargestellt, bewertet und mit vorgeschlagenen Lösungsvarianten und entsprechenden Kompensationsmaßnahmen hinterlegt werden. Die Spalten „Wertung und ggf. Vorschlag von Lösungsvarianten“ und „Kompensation der Abweichung“ sind dabei als „Und-oder-Beziehung“ zu verstehen. Dabei soll die Aufstellung in nachfolgender Tabelle 15 möglichst die verallgemeinerbare Anwendung für die brandschutztechnische Bewertung von Justizvollzugsanstalten und sonstigen Einrichtungen des geschlossenen Justizvollzugs unterschiedlicher Bautypen ermöglichen. Die Lösungsvorschläge können jedoch keine Einzelfallbewertung ersetzen. Im Zuge eines schlüssigen Brandschutzkonzeptes ist durch den Konzeptersteller der Nachweis zu führen, dass die jeweiligen Schutzziele gleichwertig erreicht werden.

Tabelle 15: Zusammenstellung von Defiziten und möglichen Kompensationsmaßnahmen

Lfd. Nr.	Festgestellte Defizite und Mängel	Rechtliche Grundlage/ Mindestanforderung	Baurechtliche Abweichung (ja/nein)	Wertung und ggf. Vorschlag von Lösungsvarianten	Kompensation der Abweichung
1	Tragende Bauteile (Wände, Stützen, Decken) erfüllen nicht die Vorgaben nach Bauordnungsrecht	§§ 27, 31 MBO/geforderte Feuerwiderstandsdauer 90 Minuten (feuerbeständig)	Ja	Brandschutzbekleidungen, Feuerschutzanstriche	Überwachung mittels Brandmeldetechnik, thermische Entlastung (z. B. Wärmeabzug)
2	Überschreitung der zulässigen Brandabschnittslänge	§ 30 MBO/Ausbildung von Brandabschnitten im Abstand von max. 40 m bzw. max. Größe von 1 600 m^2 (Hinweis: nach den „Empfehlungen NRW“ keine nachträgliche Ausbildung von Brandabschnitten bei bestehenden Anstalten erforderlich)	Ja	Gebäude besitzen Sicherheitsreserven aufgrund kleinzelliger Gebäudestrukturen gegen flächenhafte Brandausbreitung; Überschreitung in Anlehnung an MSchulBauR [45] (bis 60 m bzw. bis 3 600 m^2) tolerierbar; grundsätzlich jedoch Einzelfallbetrachtung erforderlich; (Hinweis: Gefahr der Brandausbreitung in vertikale und horizontale Richtung in den Anstalten des panoptischen Systems)	Überwachung mittels Brandmeldetechnik, Flure frei von Brandlasten halten

Lfd. Nr.	Festgestellte Defizite und Mängel	Rechtliche Grundlage/ Mindestanforderung	Baurechtliche Abweichung (ja/nein)	Wertung und ggf. Vorschlag von Lösungsvarianten	Kompensation der Abweichung
3	Offene Geschossdecken/ Galeriesysteme/Atriumbauweise (vgl. panoptisches System)	§ 31 (4) MBO/Öffnungen in Decken von Nutzungseinheiten größer 400 m² und/oder mehr als 2 Geschosse sind unzulässig	Ja	Deckenöffnungen schließen und brandschutztechnisch schotten oder Kompensation erforderlich	Sonderfall panoptische Bauweise: natürliche oder maschinelle Rauchableitung der Zellentrakte; Ertüchtigung der Haftraumtüren schutzzielorientiert auf T 30-RS/ EI_2 30-S_{200}C (ggf. Kombination mit Brandmeldeanlage)
4	Ausbildung notwendiger Flure nicht wirkungsvoll gegeben (z. B. offene Geschossdecken) bei Galeriesystemen/Atriumbauweise (vgl. panoptisches System)	§ 36 (1) MBO/Ausbildung notwendiger Flure für Nutzungseinheiten > 200 m² erforderlich	Ja	Notwendige Flure durch nachträgliche bauliche Maßnahmen wirkungsvoll ausbilden. Deckenöffnungen schließen und brandschutztechnisch schotten oder Kompensation erforderlich.	Sonderfall panoptische Bauweise: natürliche oder maschinelle Rauchableitung der Zellentrakte; Ertüchtigung der Haftraumtüren schutzzielorientiert auf T 30-RS/ EI_2 30-S_{200}C (ggf. Kombination mit Brandmeldeanlage)

Lfd. Nr.	Festgestellte Defizite und Mängel	Rechtliche Grundlage/ Mindestanforderung	Baurechtliche Abweichung (ja/nein)	Wertung und ggf. Vorschlag von Lösungsvarianten	Kompensation der Abweichung
5	Brandlasten sind im Bereich von Rettungswegen vorhanden (im Verlauf von notwendigen Fluren)	§§ 35, 36 MBO i. V. m. MLAR und „Handlungsempfehlungen NRW“/ Brandlasten in Rettungswegen sind unzulässig	Ja (Abweichung bedingt möglich, unter Beachtung des konkreten Einzelfalls; das Schutzziel der Personenrettung muss erfüllt werden)	Brandlasten aus Rettungswegen entfernen, Schottung von Brandlasten (z. B. von Leitungsanlagen)	Überwachung mittels Brandmeldetechnik
6	Brandschutztüren verlieren aufgrund des Einbaus des JVA-Sonderschließsystems i. d. R. ihre bauaufsichtliche Zulassung	§§ 17, 18 MBO/es dürfen nur geregelte Bauprodukte oder Bauprodukte mit Verwendbarkeitsnachweis verwendet werden	Ja	Verwendung von JVA-Sonderschlössern, die über ein allgemeines bauaufsichtliches Prüfzeugnis zur Verwendung im jeweiligen Feuerschutzabschluss verfügen oder: Beantragung Zulassung im Einzelfall (ZiE) oder: Übereinstimmungserklärung des Herstellers bei einer nicht wesentlichen Abweichung oder: Funktionssplittung Brandschutzfunktion und Sicherheitsfunktion durch Anordnung getrennter Türanlagen (vgl. Abbildungen 35 und 36)	Ohne

Lfd. Nr.	Festgestellte Defizite und Mängel	Rechtliche Grundlage/ Mindestanforderung	Baurechtliche Abweichung (ja/nein)	Wertung und ggf. Vorschlag von Lösungsvarianten	Kompensation der Abweichung
7	Haftraumtüren entsprechen nicht der bauordnungsrechtlichen Anforderung dichtschließend	§ 36 (4) MBO i. V. m. „Handlungsempfehlungen NRW"/mind. *dichtschließend*, massive Bauart; zu beachten sind möglichst höhere Anforderungen nach [24], [28]	**Eine Unterschreitung der bauaufsichtlichen Mindestanforderung ist nicht zu empfehlen!**	Die Haftraumtüren sind mindestens auf die bauordnungsrechtliche Anforderung *dichtschließend* zu ertüchtigen (z. B. durch Einbau von Dichtungsgummis).	Entfällt
8	Türen zu Räumen erhöhter Brandgefahr (z. B. Technikräume, aber auch Küchen und Kühlschrankräume im Bereich der Zellentrakte) erfüllen nicht die Anforderung *feuerhemmend, dicht- und selbstschließend (mit Rauchschutzfunktion)*	§ 29 (5) MBO/ Feuerhemmende, dicht- und selbstschließende Abschlüsse; Forderung gem. „Handlungsempfehlungen NRW": **T 30-RS/EI$_2$ 30-S$_{200}$C!**	Ja	Die entsprechenden Türen sind auf die bauordnungsrechtliche Anforderung *feuerhemmend mit Rauchschutzfunktion* nach DIN 18095-1:1988-10 [57] zu ertüchtigen.	Überwachung der Räume mittels Brandmeldetechnik nur in Kombination mit Türqualität mindestens *dicht- und selbstschließend*
9	Türen zur Abtrennung notwendiger Treppenräume zu Nutzungseinheiten > 200 m^2 erfüllen nicht die Anforderung *feuerhemmend mit Rauchschutzfunktion* nach DIN 18095 (T 30-RS/EI$_2$ 30-S$_{200}$C) bzw. entsprechen nicht der jeweiligen Bauart – vgl. Einbau JVA-Sonderschließsystem	§ 35 (6) MBO/feuerhemmende Abschlüsse mit Rauchschutzfunktion nach DIN 18095 [57] (T 30-RS/ EI$_2$ 30-S$_{200}$C) (zu beachten: Punkt 5.2 „Handlungsempfehlungen NRW" [24])	**Eine Unterschreitung der bauaufsichtlichen Mindestanforderung ist nicht zu empfehlen!**	Die entsprechenden Türen sind auf die bauordnungsrechtliche Anforderung *feuerhemmend mit Rauchschutzfunktion* nach DIN 18095 zu ertüchtigen. Die Türen müssen zumindest der Bauart der jeweiligen Brandschutztür entsprechen.	Entfällt

Lfd. Nr.	Festgestellte Defizite und Mängel	Rechtliche Grundlage/ Mindestanforderung	Baurechtliche Abweichung (ja/nein)	Wertung und ggf. Vorschlag von Lösungsvarianten	Kompensation der Abweichung
10	Ausbildung von Rauchabschnitten in notwendigen Fluren im Abstand von max. 30 m ist nicht wirkungsvoll vorhanden	§ 36 (3) MBO/Unterteilung in Rauchabschnitte von max. 30 m erforderlich (zu beachten: Punkt 5.1.1 „Handlungsempfehlungen NRW“)	Ja (Eine Überschreitung ist lediglich geringfügig unter Bewertung des konkreten Einzelfalls möglich!)	Nachträgliche Ausbildung vorschriftsmäßiger Rauchabschnitte. Türen zur Realisierung der Rauchabschnittsbildung möglichst getrennt von den Sicherheitstüranlagen (Gittertüren) anordnen (Funktionssplittung!); Rauchschutztüren mit Feststellanlage ausbilden	Bei Überschreitung der Rauchabschnittlänge Kompensation durch Brandmeldetechnik; ggf. Personenrettung in zwei entgegengesetzte Richtungen (Vermeidung von kritischen Stichflurlängen)
11	Zellentrakte mit offenen Geschossdecken (Galeriesysteme) der panoptischen Bauweise müssen entraucht werden können	Ingenieurmäßige Betrachtungsweise; diverse Sonderbauvorschriften (zu beachten: „Handlungsempfehlungen NRW“ [24])	**Eine Unterschreitung der bauaufsichtlichen Mindestanforderung ist nicht zu empfehlen!**	Einbau von natürlichen und/oder maschinellen Rauchableitungsanlagen; Auslegung ggf. unter Anwendung von Ingenieurmethoden bzw. durch Rauchgassimulation	Entfällt

Lfd. Nr.	Festgestellte Defizite und Mängel	Rechtliche Grundlage/ Mindestanforderung	Baurechtliche Abweichung (ja/nein)	Wertung und ggf. Vorschlag von Lösungsvarianten	Kompensation der Abweichung
12	Zwei voneinander unabhängige und selbstständig benutzbare Rettungswege stehen nicht zur Verfügung (Gefangene sind in ihrer Bewegungsfreiheit stark eingeschränkt, sind zu 100 % auf die Hilfe des Vollzugspersonals angewiesen)	§ 33 (1) MBO/Forderung nach zwei voneinander unabhängigen Rettungswegen	Ja	Diskrepanz zwischen öffentlich-rechtlichen Vorschriften und spezifischen Schutzzielen einer Justizvollzugsanstalt (z. B. Ausbruchsicherheit). Im Falle eines Brandereignisses verbleiben die Gefangenen in ihren Hafträumen (zunächst für die Dauer der Erstbrandbekämpfung).	Kompensation durch organisatorischen Brandschutz; ständige Präsenz des geschulten Vollzugspersonals; Aufstellen einer Brandschutzordnung und eines Sicherheitskonzeptes, das diese Besonderheiten berücksichtigt; ständiges Mitführen der Schlüssel für die gesicherten Durchgangstüren durch das Personal
13	Fehlen des zweiten Rettungsweges	§ 33 (1) MBO/Forderung nach zwei voneinander unabhängigen Rettungswegen	**Keine Abweichung zulässig!**	Der zweite Rettungsweg ist zwingend baulich herzustellen (z. B. über eine weitere notwendige Treppe oder Anbau einer Außentreppe oder Evakuierung in einen anderen Brandabschnitt); ggf. Ausbildung eines Sicherheitstreppenraumes.	Entfällt

Lfd. Nr.	Festgestellte Defizite und Mängel	Rechtliche Grundlage/ Mindestanforderung	Baurechtliche Abweichung (ja/nein)	Wertung und ggf. Vorschlag von Lösungsvarianten	Kompensation der Abweichung
14	Überschreitung der zulässigen Rettungsweglänge von 35 m	§ 35 (2) MBO/ von jeder Stelle eines Aufenthaltsraumes muss Ausgang in einen notwendigen Treppenraum oder ins Freie in höchstens 35 m Entfernung erreichbar sein	Ja (Eine Überschreitung ist lediglich in geringem Umfang unter Bewertung des konkreten Einzelfalls möglich!)	Verkürzung der vorhandenen Rettungsweglänge durch Anbau einer Außentreppe oder Evakuierung in einen anderen Brandabschnitt oder in einen anderen brandschutztechnisch sicheren Bereich	Kompensation geringfügiger Überschreitungen im Einzelfall durch Brandmeldetechnik möglich

5 Anwendung von Methoden des Brandschutzingenieurwesens

Konventionelle Brandschutzkonzepte liefern bei der Beurteilung von komplexen Zusammenhängen und von der Bauordnungsrecht abweichenden Bauteilsituationen, wie sie die historischen Anlagen der panoptischen Bauweise mit durchbrochenen Flurdecken widerspiegeln, oftmals keine ausreichende qualifizierte Bewertung zur Umsetzung der teilweise sehr spezifischen Schutzziele. Eine ständig wachsende Bedeutung gewinnt daher die Anwendung von Methoden des Brandschutzingenieurwesens, beispielsweise in Form von Brand- bzw. Entrauchungssimulationen.

→ **Praxisbeispiel: Entrauchungssimulation eines Haftflügels mittels FDS 5 – Fire Dynamics Simulator (Version 5.4.3)**[16]

Allgemeine Aufgabenstellung

Erstellung eines Entrauchungskonzeptes inklusive der Dimensionierung der erforderlichen Rauchschürzen, Rauchabzugsanlagen sowie der dazugehörigen Zuluftöffnungen unter Anwendung von Methoden des Brandschutzingenieurwesens (hier: Brandsimulation).

Auf Grundlage der Aufgabenstellung sowie der damit verbundenen grundlegenden Problemformulierung der ausreichenden Entrauchung des untersuchten dreigeschossigen Haftflügels beziehen sich die nachfolgenden Betrachtungen vor allem auf globale Ergebnisse in Bezug auf den brandinduzierten Auftrieb bzw. die freie Konvektion innerhalb des betrachteten Gebäudes unter Berücksichtigung der Interaktion zwischen Rauchabzugsöffnungen (Abluft) und Nachströmöffnungen (Zuluft) [95].

Diese thermodynamischen Phänomene nehmen in der Praxis vor allem in Bezug auf die natürliche Entrauchung von Räumen und Gebäuden eine prinzipiell wichtige Rolle ein. Hier werden dabei vorrangig die folgenden drei Details von Brandprozessen näher behandelt bzw. untersucht:

16 FDS ist ein nicht kommerzieller und damit frei zugänglicher (OpenSource) brandspezifischer CFD Code, der vom National Institute of Standard and Technology (NIST, USA) seit der ersten unter diesem Namen veröffentlichten Version aus dem Jahr 2000 ständig weiterentwickelt sowie zusammen mit der grafischen Ausgabeoberfläche Smokeview (SMV) auf der NIST-Homepage (vgl. http://fire.nist.gov/fds) bzw. der dazugehörigen Projekthomepage (vgl. http://code.google.com/p/fds-smv/) zum Download zur Verfügung gestellt wird.

- Wärmetransport durch Konvektion (Strahlung und Wärmeleitung)
- Rauchgasmenge (und Zusammensetzung)
- Entwicklung von Rauchgasschichten (warm) oder raucharmen Bereichen (kalt)

Für das hier angewandte Modell bzw. den dazugehörigen Computercode in FDS 5 mussten zunächst an die jeweiligen physikalischen Grundlagen angepasste Vorgaben und Vereinfachungen in Bezug auf die Gebäudegeometrie, inkl. Wände, Öffnungsflächen (Begrenzungen) sowie deren physikalische Eigenschaften (Stoffdaten), gemacht werden.

Ziel der Simulation/betrachtete Szenarien

Bei der Simulation ging es in erster Linie um die Ermittlung und Darstellung der möglichen Rauchentwicklung und -verteilung im Innenbereich des betrachteten dreigeschossigen Haftflügels der panoptischen Bauweise (vgl. Abschnitt 2.3 – *Baugeschichtliche Aspekte*). Gemäß Vorgabe der Justizvollzugsanstalt sollten die nachträglichen Brandschutzmaßnahmen mit möglichst geringen Einschränkungen des Vollzugsbetriebes verbunden sein. Mittels Simulation sollte der Nachweis erbracht werden, dass über neu in den Außenwandflächen hergestellte Rauchabzugsöffnungen (automatische Ansteuerung über Rauchmelder) eine wirkungsvolle Entrauchung des Haftflügels erfolgen kann und ein Rauchübertrag durch die Anordnung von Rauchabschnittstrennungen im 2. Obergeschoss (zum „Stern“) und Rauchschürzen im Erdgeschoss und 1. Obergeschoss (zum „Stern“) in andere, offen angrenzende Haftflügel über die Zentralhalle („Stern“) verhindert wird. Zur Abdeckung aller günstigen, vor allem aber aller denkbaren ungünstigen Verrauchungsszenarien infolge eines entsprechenden Brandfalls innerhalb einer der Haftraumzellen wurden die folgenden Szenarien entsprechend berechnet bzw. simuliert: Brand in Haftraumzelle „1“, „2“ oder „3“ im Erdgeschoss bzw. im 1. oder 2. Obergeschoss sowie jeweils zusätzlich auch als Winter- und Sommerfall.

Daraus ergeben sich allein 27 Simulationsberechnungen auf Grundlage der neun unterschiedlichen Brandorte in den drei ausgewählten Haftraumzellen in den drei Geschossen sowie den drei unterschiedlichen Temperaturannahmen.

Brandquelle (Szenario)

Als maßgebliches Brandszenario wurde in Abstimmung mit der Justizvollzugsanstalt der Brand innerhalb eines Haftraumes, beispielsweise infolge einer mutwilligen Selbstentzündung des zur Verfügung stehenden Inventars durch einen Gefangenen, vorausgesetzt. Simuliert wurde in diesem Fall der exemplarische

Abbrand einer herkömmlichen Matratze (bei Zündung am Rand) innerhalb einer Zelle mit geöffneter Zellentür (z. B. in Zelle 1) im Erdgeschoss (Abbildung 63), mit einer Wärmefreisetzungsrate (HRR) über 10 Minuten (600 Sekunden) in Anlehnung an vorhandene experimentelle Brandleistungskurven des NIST, USA. Diese Annahme entspricht u. a. in etwa auch einer mittleren bis schnellen Brandausbreitungsgeschwindigkeit sowie den dazugehörigen Brandentwicklungszeiten im Sinne der ISO/CD 13388. In der ISO/CD 13388 „Fire Safety Engineering; Design Fire Scenarios and Design Fires, Draft February 1997“ wird das Brandszenarium durch den zeitlichen Verlauf der Energiefreisetzungsrate beschrieben. Da die Simulation in erster Linie dem allgemeinen und globalen Verhalten des Rauches dienen sollte, wurde die vorgenannte Wärmefreisetzung vereinfacht über eine 1 m^2 große (Oberfläche) Brandquelle mit maximal 1 MW/m^2 über den Eingabeparameter „HRRPUA“ (Heat Release Rate Per Unit Area) der SURF-Namelistgroup mittig in dem jeweils betroffenen Haftraum in 20 cm Höhe (in etwa Matratzenhöhe) vom Fußboden modelliert. Die Seiten dieses Brandobjektes (Rechteck mit 1 m Kantenlänge) wurden dabei adiabatisch angenommen.

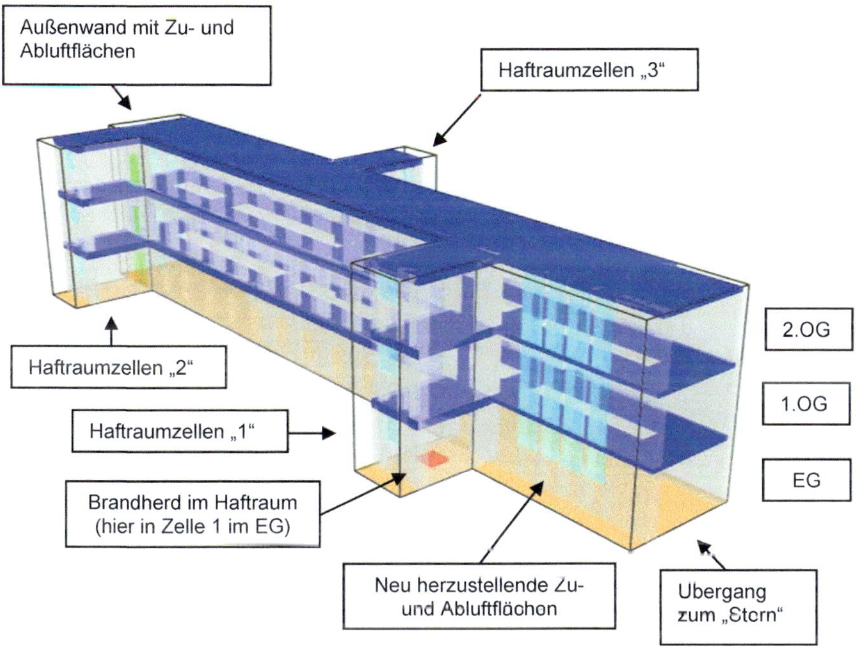

Abbildung 63: Simuliertes Gebäudemodell

Außerdem wurde hier für die Verbrennung das sogenannte und in FDS 5 per „HRRPUA“-Eingabe voreingestellte „mixture fraction model“ angewandt. Die Verbrennungsprodukte spiegelten demnach nicht die tatsächlich verbrannten Materialien wider, sondern beruhten auf den Verbrennungsprodukten des über die „mixture fraction“ voreingestellten Gasbrenners [96].

Ergebnisse (Output)

Da es im Rahmen dieser Simulationsberechnungen nicht vorrangig um die numerische Einhaltung und Nachweisführung zu vorgegebenen Minimal- und/ oder Maximalwerten ging, erfolgte die überwiegende Auswertung rein visuell anhand der entsprechenden „Smokeview-Ausgaben“ (Abbildungen 64 bis 66). Die unabhängig davon ausgegebenen numerischen Ergebnisse der Devices dienten vor allem der entsprechenden Überprüfung der optischen Ausgaben sowie ergänzenden Informationen für die Gesamtbewertung der Szenarios.

Visuelle Ergebnisse (SMV-Ausgaben)

Abbildung 64: Mittige Temperaturverteilung nach ca. 300 Sekunden (maximal 105 °C, im Schema „rot“ dargestellt)

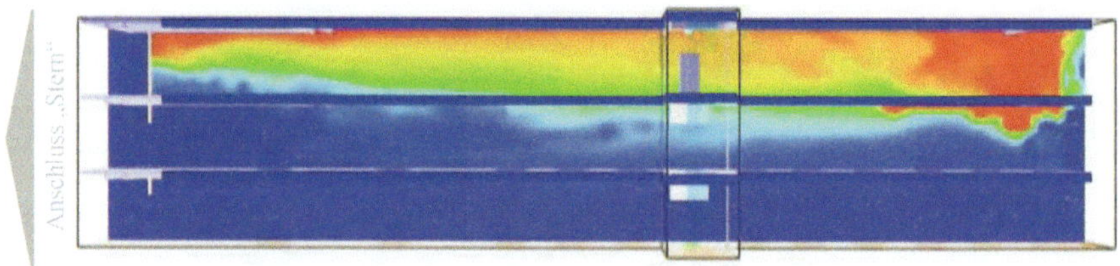

Abbildung 65: Mittige optische Rauchdichte nach ca. 300 Sekunden (maximal 0,02 m–1, im Schema „rot“ dargestellt))

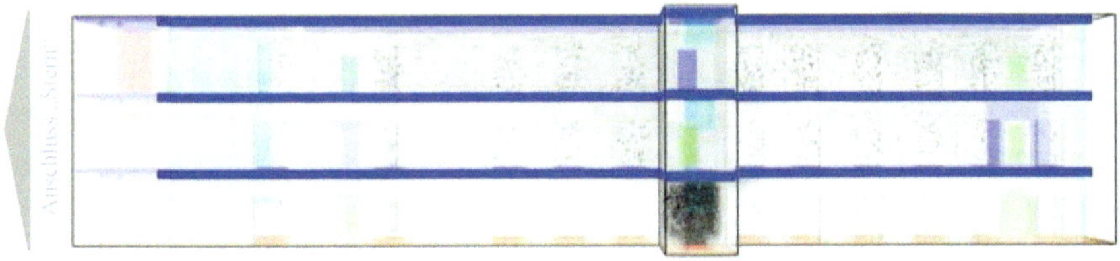

Abbildung 66: Rauchverteilung (inkl. Partikel) nach ca. 300 Sekunden

Zusammenfassung der Ergebnisse

Im Zuge der Simulation sollte das Hauptaugenmerk der Nachweisführung in erster Linie auf die Schaffung ausreichender Entrauchungsmöglichkeiten für den jeweils betrachteten Gebäudeflügel sowie die weitestgehende Verhinderung des möglichen Rauchübertritts in größeren Mengen in die angrenzende Zentralhalle („Stern“) sowie die dort wiederum offen angrenzenden weiteren Haftflügel der Justizvollzugsanstalt gelegt werden.

In Anlehnung an die in [97] genannten Beurteilungsgrößen und Anhaltswerte quantitativer Schutzzielvorgaben für Brandsimulationen konnten die dort genannten Werte von max. 50 °C Gastemperatur und 0,1–0,2 m^{-1} optische Rauchdichte weitestgehend eingehalten werden. Gleiches gilt auch für die entsprechenden Angaben in Bezug auf die rechnerischen Grenzwerte zur Personensicherheit in [98] mit u. a. < 50 °C in der unten liegenden Gasschicht sowie max. 300 °C in der heißen Rauchgasschicht (Strahlung). Unter Berücksichtigung der getroffenen Annahmen sowie der erfolgten Ergebnisauswertung der globalen Parameter konnte davon ausgegangen werden, dass die entsprechenden Grenzwerte zu einem Großteil sowie nahezu jederzeit mehr oder weniger sicher eingehalten werden. Ausnahmen bildeten hier selbstverständlich die Brandräume sowie die dort unmittelbar angrenzenden Bereiche.

6 Zusammenfassung

Die Erfahrungen des Verfassers zeigen, dass komplexe brandschutztechnische Problemstellungen gerade unter dem Aspekt Bauen im Bestand einen hohen Anspruch an die Qualität der Brandschutzkonzepte stellen. Verschiedene Konzeptansätze und alternative Lösungsvarianten unter Berücksichtigung der konkreten Situation und der Beachtung der spezifischen Randbedingungen sind grundsätzlich realisierbar. Abbildung 67 zeigt anhand der Visualisierung eines Brandschutzkonzeptes einen möglichen Lösungsvorschlag für die brandschutztechnische Ertüchtigung eines im Bestand vorhandenen Haftflügels einer Justizvollzugsanstalt des panoptischen Systems (vgl. auch Abbildung 11 der Ausgangssituation unter Abschnitt 2.4.2). In konsequenter Umsetzung der bauordnungsrechtlichen Vorgaben beinhaltet der Konzeptansatz die Ausbildung notwendiger Flure sowie die Schaffung eines zweiten baulichen Rettungsweges durch Anbau einer Außentreppe. Weiterhin wurden Brandabschnitte geschaffen und der Raumabschluss für den notwendigen Treppenraum hergestellt.

Aufgrund vollzugstechnischer Anforderungen sowie der Berücksichtigung denkmalpflegerischer Aspekte können die vorgenannten Maßnahmen im Bestand nicht immer vollumfänglich umgesetzt werden. Wie in Abschnitt 4.3 ausgeführt, ist die Erfüllung der bauaufsichtlichen Schutzziele dann mittels geeigneter Kompensationsmaßnahmen oder durch die Anwendung von Methoden des Brandschutzingenieurwesens (vgl. Abschnitt 5) gleichwertig nachzuweisen. Bei zukünftigen Justizvollzugsneubauten ist aufgrund der aufgezeigten brandschutztechnischen Risikofaktoren von der panoptischen Bauweise (obgleich diese bei Neubauvorhaben auch heute noch anzutreffen ist) möglichst zugunsten moderner Anstaltsformen Abstand zu nehmen. Diese erfüllen umfassend das aktuelle brandschutztechnische Sicherheitsniveau nach Bauordnungsrecht (z. B. geschlossene Geschossdecken, Ausbildung notwendiger Flure usw.), während die Überwachungs- und Kontrollfunktionen der Justizvollzugsanstalten mit den heute verfügbaren Sicherheitssystemen (vgl. Abschnitt 4.5.4) problemlos technisch umsetzbar sind.

Abbildung 68 zeigt die exemplarische Visualisierung eines Brandschutzkonzeptes für die Planung einer Einrichtung des Maßregelvollzuges in Anlehnung an die „Hinweise des Wirtschaftsministeriums Baden-Württemberg über den baulichen Brandschutz in Krankenhäusern und baulichen Anlagen entsprechender Zweckbestimmung vom 26. April 2007 – Az.: 5-2615.5/25“ [32]. Das Beispiel zeigt die brandschutztechnische Gliederung des Grundrisses in 4 sogenannte Großraumbereiche mit Wohnformcharakter. Die brandschutztechnische Tren-

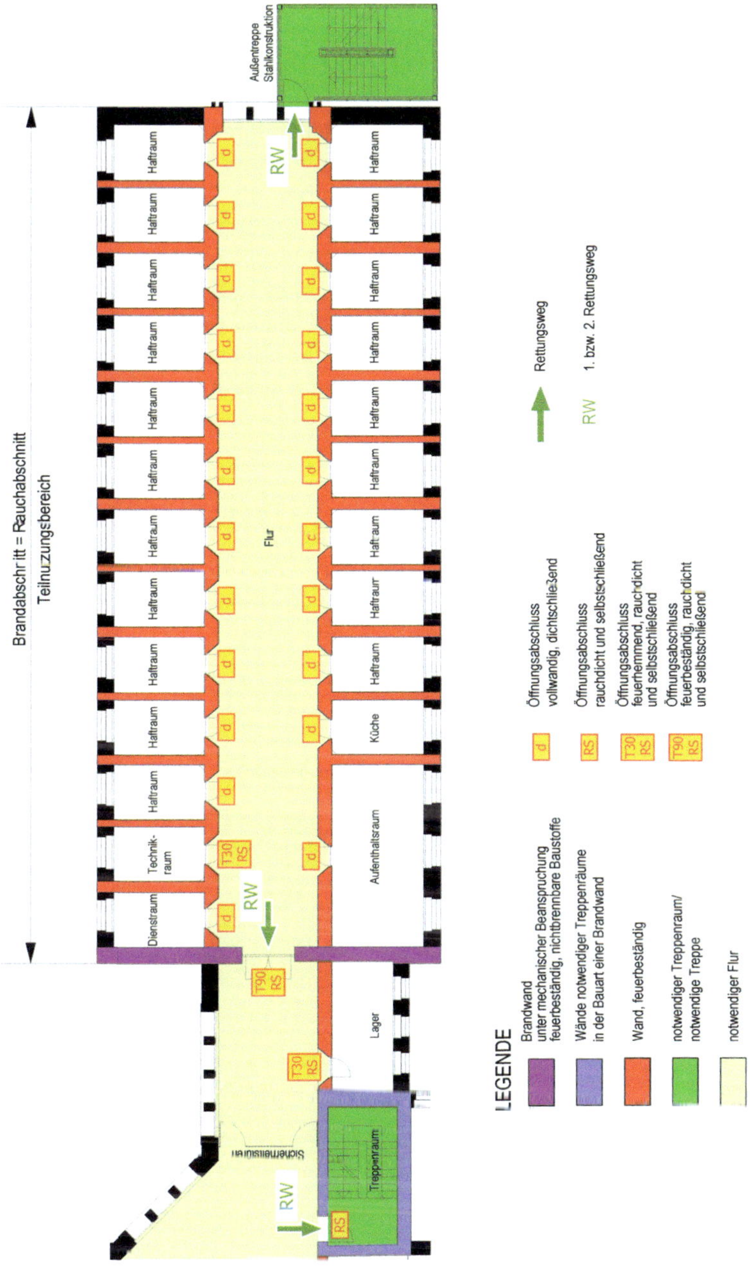

Abbildung 67: Vorschlag für eine brandschutztechnische Ertüchtigung eines im Bestand vorhandenen Haftflügels

nung zwischen den Großraumbereichen erfolgt mittels feuerbeständiger Trennwände mit feuerhemmenden, rauchdichten und selbstschließenden Öffnungsabschlüssen. Die Großraumbereiche mit einer Fläche von jeweils maximal ca. 400 m^2 bis 500 m^2 bzw. einer Begrenzung der Personen auf maximal 10 bis 12 Patienten entsprechen den Stationen einer forensischen Klinik bzw. eines Haftkrankenhauses. Innerhalb der Großraumbereiche kann auf die Ausbildung notwendiger Flure verzichtet werden, sofern die Rahmenbedingungen gemäß [32] insgesamt eingehalten werden. Jeder Großraumbereich (bzw. Station) ist an das Rettungswegsystem eines 1. Rettungsweges (hier notwendiger Treppenraum) direkt angeschlossen. Der 2. Rettungsweg wird über den jeweils direkt angrenzenden Großraumbereich nachgewiesen. Gemäß [32] sind für Einrichtungen des Maßregelvollzuges eine Brandmeldeanlage der Kategorie 1 (Vollschutz) nach DIN 14675 mit automatischen und nichtautomatischen Brandmeldern vorzusehen.

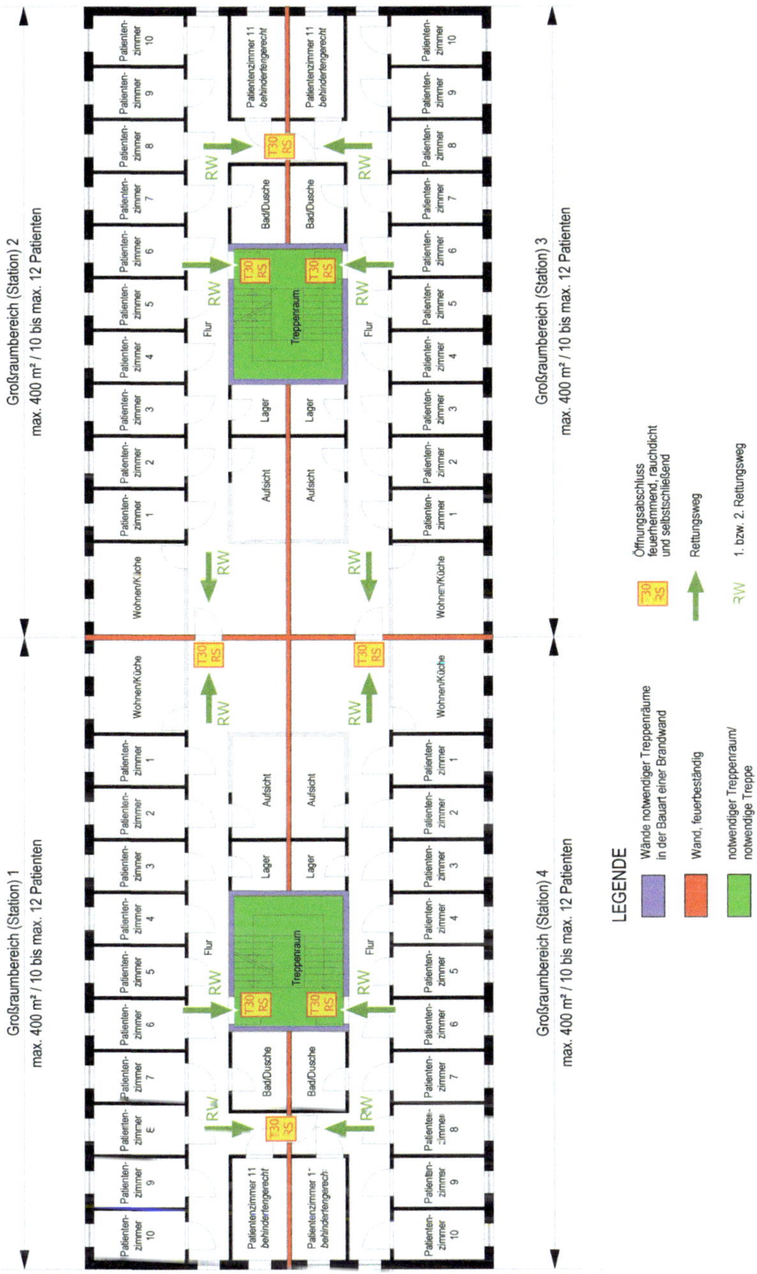

Abbildung 68: Vorschlag für eine brandschutztechnische Planung einer Einrichtung des Maßregelvollzugs in Anlehnung an [32]

7 Anhang

7.1 Empfehlungen zum Brandschutz beim Bau und Betrieb von Justizvollzugsanstalten des geschlossenen Vollzuges in NRW

Empfehlungen zum Brandschutz
beim Bau und Betrieb
von Justizvollzugsanstalten
des geschlossenen Vollzuges
in NRW

Arbeitspapier einer gemeinsamen Projektgruppe
des Bau- und Liegenschaftsbetriebes NRW
und der Justizvollzugsverwaltung

Bau- und Liegenschaftsbetrieb NRW

Martin Boeckh
Klaus-Dieter Lenz
Ulrich Teepe
Hans-Joachim Willers

Justizvollzugsverwaltung

Hans Bennink
Hermann Budde
Jörn Klaas
Udo Ringer

Düsseldorf/Wuppertal im Dezember 2007

Fassung 01/2009

Inhalt

1. Einleitung

Die Justizvollzugsanstalten des Landes NRW sind Gebäude, die als Anlagen und Einrichtungen des Landes gem. § 80 BauO NRW errichtet, umgebaut und baulich unterhalten werden. Die 37 Justizvollzugsanstalten des Landes NRW haben ca. 18 500 Haftplätze. Hinzu kommen sechs Jugendarrestanstalten mit 250 Plätzen (Quelle: Justizvollzug in NRW, 15. Auflage 2006). Die einzelnen Anlagen und Gebäude der Justizvollzugsanstalten sind in ihrem Kern in einer Zeitspanne zwischen 1853 und 1998 entstanden. Die meisten der Anlagen wurden in den Zeiträumen zwischen 1880 bis 1936 (ca. 23 Anlagen), 1961 bis 1971 (8 Anlagen) sowie von 1977 bis 1998 (8 Anlagen) errichtet.

Als besondere Gebäudetypen kann man den Kreuzbau (8 Anlagen zwischen 1882 und 1906), die Kammbauweise (4 Anlagen 1970 bis 1978), die Panoptik (4 Anlagen 1864 bis 1897) und die Atriumbauweise (1903, 1930, 1961) benennen. Die anderen Anlagen stellen z. T. Mischformen dieser Bautypen dar oder sind aus ehemals anders genutzten Gebäuden (ehemaliges Gutsgebäude, Kaserne, Lehrlingsheim etc.) entstanden, sodass sie keiner der benannten Bauformen zugerechnet werden können.

Die älteren dieser Anlagen wurden inzwischen größtenteils modernisiert, saniert oder um weitere Einrichtungen wie Werkstätten, Unterkunftsgebäude, Pforten, Verwaltungsgebäude etc. erweitert. Zum Teil wurden auch schon brandschutztechnische Maßnahmen im Zuge von Gutachten umgesetzt.

Rein bautechnisch betrachtet gibt es eine Reihe einzelner baulicher und ausbautechnischer Anforderungen an den Bau von Justizvollzugsanstalten (vgl. dazu z. B. „Empfehlung für den Bau von Justizvollzugsanstalten"). Im Gegensatz zu rein bautechnischen Regelungen wirken Brandschutzmaßnahmen jedoch nicht einzeln, sondern nur, indem man sie baulich, anlagentechnisch und organisatorisch konzeptionell aufeinander abstimmt.

Für eine Reihe von Sonderbauten gibt es dazu eigene Vorschriften, die eine einheitliche Brandschutzkonzeption für den jeweiligen Gebäudetyp wie z. B. für Versammlungsstätten, Hochhäuser oder Verkaufsstätten vorgeben. Für den Gebäudetyp „Justizvollzugsanstalt" gibt es eine solche Regelvorgabe nicht. Die BauO NRW sieht aber vor, dass in allen Fällen, in denen in Justizvollzugsanstalten genehmigungspflichtige Maßnahmen durchgeführt werden sollen, Brandschutzkonzepte erarbeitet werden müssen.

Die dem BLB NRW inzwischen zu einigen Justizvollzugsanstalten vorliegenden Brandschutzkonzepte lassen erkennen, dass die verschiedenen Fachplaner und Gutachter in der Betrachtung der jeweiligen Justizvollzugsanstalt zu teilweise bemerkenswert unterschiedlichen Ergebnissen gekommen sind. Dies vor allem bei der Gefahrenbetrachtung „Brandfall" und den daraus resultierenden baulichen und organisatorischen Maßnahmen. Brandschutztechnisch betrachtet weist der Nutzungstyp „Justizvollzugsanstalt" jedoch eine ganze Reihe übereinstimmender Merkmale auf, die baulich und betrieblich in vergleichbarer Weise bewertet und umgesetzt werden könnten. Darüber hinaus gibt es kaum eine andere Nutzungsart, bei der sich baulicher und betrieblicher Brandschutz in so hohem Maße ergänzen müssen, wie dies bei einer Justizvollzugsanstalt der Fall ist.

Ziel dieser Empfehlungen soll daher sein, Planern wie auch Betreibern von Justizvollzugsanstalten sowohl Hinweise für notwendige bauliche Brandschutzmaßnahmen zu geben als auch deutlich zu machen, dass diese nur dann wirksam sein können, wenn sie in einen konzeptionellen Bezug zu organisatorischen und betrieblichen Brandschutzmaßnahmen stehen.

Grundlage der Betrachtungen sind dabei „übliche" Zellentrakte des geschlossenen Vollzuges; nicht betrachtet wurden Sonderbereiche wie z. B. Werkstätten, Verwaltungsbereiche etc. Diese müssen aufgrund ihrer Vielgestaltigkeit im jeweiligen Einzelfall beurteilt werden.

Gleichwohl können die Empfehlungen im Ergebnis (schutzzielorientiert) auch auf einzelne dieser Bereiche übertragen werden.

Die Empfehlungen wurden von einer gemeinsamen Arbeitsgruppe aus Justizvollzugsverwaltung und BLB NRW zwischen März und Oktober 2007 erarbeitet.

2. Gefahreneinschätzung Brandfall

2.1 Einschränkungen bei der Benutzbarkeit der Rettungswege

Die brandschutztechnisch betrachtet bedeutsamste Besonderheit der Nutzung „Justizvollzugsanstalt" besteht darin, dass sich die Insassen nicht frei im Gebäude, sondern allenfalls zeitweise innerhalb einzelner Sicherheitsabschnitte bewegen können. Je nach Tageszeit ist im Gefahrenfall weder ein Verlassen der Hafträume noch ein selbstständiges Verlassen des Gebäudes (Selbstrettung ohne Hilfe von außen) möglich.

Bereits diese Besonderheit, die für sich betrachtet im deutlichen Gegensatz zu den elementaren Anforderungen der BauO NRW (§ 17 Abs. 3) der selbstständigen Benutzbarkeit von Rettungswegen steht, erfordert für den Brandfall andere und vor allem umfangreichere organisatorische Maßnahmen, als dies bei allen anderen baulichen Nutzungen der Fall wäre.

2.2 Erkenntnisse zur Brandentstehung

Die Belegungsdichte einer Justizvollzugsanstalt entspricht in etwa der eines Krankenhauses.

Die Brandentstehungsgefahren in einer Justizvollzugsanstalt sind vergleichbar mit der Nutzungsart „Wohnen“, die Brandlast ist jedoch kleiner, die Gefahr einer flächenmäßigen Brandausbreitung ist aufgrund der Zellenbauweise und der massiven Wände und Zellentüren äußerst gering.

Die Installationsdichte (Elektro, Heizung, Lüftung) ist vergleichsweise niedrig. Installationen werden in der Regel in eigenen Schächten geführt.

2.3 Umfrage zu Brandereignissen

Eine von der Justizvollzugsverwaltung durchgeführte (nicht repräsentative) Befragung zu Bränden in Justizvollzugsanstalten über einen Zeitraum von etwa fünf Jahren bis heute hat folgendes Bild ergeben:

Brände gesamt	**119**
In einem Haftraum	52
In den Arbeitsbetrieben	45
Im Hafthaus	22

Brandfolgen	
Sehr gering	40
Gering	47
Hoch	23
Sehr hoch	9

Hinweis:

sehr gering = kein Sachschaden bis

sehr hoch = hoher Sach- und/oder Personenschaden.

Brandursachen	
Brandstiftung	56
Technischer Defekt	35
Fahrlässigkeit	24
Nicht bekannt	5

Brandentdeckung	
Durch Bedienstete	102
Automatisch (BMA)	17

2.4 Weitere Ergebnisse der Umfrage

2.4.1 Zum baulichen Brandschutz

- Etwa 80 % der Justizvollzugsanstalten verfügen über automatische Brandmeldeanlagen, davon sind ca. ein Drittel flächendeckend.
- In etwa 20 % der Fälle wird ein Alarm unmittelbar zur Feuerwehr weitergeleitet. In 80 % der Fälle wird ein Alarm erst über eine 24 Stunden besetzte Stelle (z. B. die Pforte) geleitet.
- Bei fast drei Viertel aller Justizvollzugsanstalten gibt es entweder natürliche oder maschinelle Entrauchungsmöglichkeiten.
- In fast 85 % der Fälle sind Wandhydranten zur Erstbekämpfung eines Feuers vorhanden. Gleichwohl finden nur in etwa einem Drittel der Fälle Übungen dazu statt.
- In allen Justizvollzugsanstalten sind Feuerlöscher vorhanden.

2.4.2 Zum organisatorischen Brandschutz

- In fast allen Justizvollzugsanstalten liegen Brandschutzordnungen vor; aber nur etwa die Hälfte davon ist auf einem aktuellen Stand bzw. entspricht DIN 14096.
- In weniger als der Hälfte der Brandschutzordnungen ist ein Evakuierungsplan für den Brandfall enthalten. Von den vorhandenen Evakuierungsplänen sind ca. 38 % älter als fünf Jahre.
- Etwa 60 % der Justizvollzugsanstalten liegen im Einzugsbereich einer Berufsfeuerwehr, 40 % im Bereich einer freiwilligen Feuerwehr. Die Eintreffzeiten der Feuerwehren werden überwiegend mit ca. 8 Minuten angegeben.

- Übungen zusammen mit der Feuerwehr werden in nur 30 % der Fälle durchgeführt.
- In etwa 93 % der Fälle sind in den Justizvollzugsanstalten Brandschutzbeauftragte bestellt, Brandschutzhelfer dagegen nur in etwa einem Viertel der Fälle.

Quelle der Daten: Besprechungen der Brandschutzbeauftragten der Justizvollzugsanstalten im März 2007, Erhebung März 2007

2.5 Zwischenergebnisse

- Positiv im Sinne der Gefahrenabwehr ist, dass die Gebäude einer Justizvollzugsanstalt regelmäßig aus massiven Bauteilen (Wände, Decken, Türen) bestehen, in kleinteilige Abschnitte gegliedert sind und von daher bereits sehr günstige bauliche Voraussetzungen für den Gefahrenfall „Brand“ aufweisen. Die flächenmäßige Ausbreitung eines Feuers ist vor diesem Hintergrund eher unwahrscheinlich.
- Als häufigste Ursache für Brände sind Brandstiftungen oder fahrlässiges Verhalten erkennbar. Die weit überwiegende Zahl der Brände geschieht in den Hafträumen oder im Hafthaus.
- Die festgestellten Schäden werden weit überwiegend mit sehr gering bis gering bezeichnet. Dies lässt ebenfalls den Schluss zu, dass es in diesen Fällen zu keiner gefährlichen Brandausbreitung gekommen ist.
- In den allermeisten Fällen wurden die Brände durch Bedienstete entdeckt.
- Die Ausstattung der Justizvollzugsanstalten mit automatischen Meldeanlagen und Rauchabzugseinrichtungen ist im Allgemeinen gut. Obwohl die Justizvollzugsanstalten nicht alle im Einzugsbereich einer Berufsfeuerwehr liegen, werden sie dennoch überwiegend innerhalb von 8 Minuten durch die Feuerwehren erreicht.
- Die Gebäude stehen rund um die Uhr unter Aufsicht. Das Personal ist ortskundig und sollte in Bezug auf mögliche Gefahrenfälle besonders geschult sein. Gleichwohl hat die Befragung hierzu einen gewissen Verbesserungsbedarf erkennen lassen.

3. Rettungs- und Einsatzkonzept im Brandfall

Justizvollzugsanstalten haben bestimmungsgemäß keine selbstständig benutzbaren Rettungswege. Diese Besonderheit erfordert ein anderes Rettungswegekonzept, als dies die BauO NRW in § 17 Abs. 3 vorgibt. Da bauliche Anlagen und Einrichtungen allein nur bedingt geeignet sind, die Sicherheit der Rettungswege zu gewährleisten, kommt dem betrieblichen Brandschutz in Justizvollzugsanstalten eine zentrale Bedeutung zu.

3.1 Voraussetzungen

Nachfolgend (siehe Nr. 3.2) wird beispielhaft (idealtypisch) beschrieben, welche betrieblichen Maßnahmen in einem Brandfall wirken müssen. Dabei wird vom Vorliegen bestimmter baulicher und betrieblicher Voraussetzungen ausgegangen.

3.1.1 Baulich

- Die Wände der Hafträume erreichen mindestens die Feuerwiderstandsdauer F 30 A.
- Die Zellentüren sind weitestgehend dicht schließend und aus massiver Bauart.
- Die Flure sind in der Regel brandlastfrei, eventuell vorhandene Leitungsanlagen werden nach LAR ausgeführt.
- Panoptiken und Flure werden entraucht.
- Es ist eine BMA (ggf. mit Aufschaltung zur Feuerwehr) vorhanden.

3.1.2 Betrieblich

- Das Personal hat Grundkenntnisse in der Brandbekämpfung, um so ein Brandereignis zunächst selbst beurteilen und ggf. bekämpfen zu können. Priorität hat dabei vor allem die Rettung der vom Brand unmittelbar betroffenen Person(en).
- Die Insassen bleiben im Brandfall zunächst in ihren Hafträumen. Über die Evakuierung eines Flurabschnittes, eines Geschosses oder eines gesamten Gebäudes entscheidet bis zum Eintreffen der Feuerwehr der/die in der Brandschutzordnung näher bezeichnete Bedienstete vor Ort. Nach dem Eintreffen der Feuerwehr geht die Entscheidungsbefugnis auf die Feuerwehr über.

3.2 Brandereignis im Ablauf

Auf der Grundlage dieser baulichen und betrieblichen Annahmen wird vom folgenden Ablauf eines Brandereignisses ausgegangen:

- Beim Brand in einem Haftraum wird durch den Häftling oder Mithäftlinge über die vorhandenen Sprecheinrichtungen in den Hafträumen oder aber durch Bedienstete ein Alarm ausgelöst, sodass ein längeres unbemerktes Brandgeschehen nahezu ausgeschlossen werden kann.

- Der Alarm läuft an einer ständig besetzten Stelle (Sicherheitszentrale) auf. Von dort werden Entscheidungen zu Maßnahmen der Gefahrenerkennung, Rettung des oder der unmittelbar Betroffenen und ggf. ersten Brandbekämpfungsmaßnahmen eingeleitet. Um die anderen Insassen nicht zu beunruhigen, erfolgt in dieser Phase keine weitere Warnung (z. B. akustische) im ganzen Gebäude.
- Das Personal nimmt nach Eingang des Alarms eine erste Beurteilung der Gefahrenlage und erste Rettungs- und (soweit möglich) Löscharbeiten vor. Die Feuerwehr wird alarmiert, soweit dies noch nicht automatisch durch eine BMA geschehen ist.
- Die Tür zum Brandraum soll, bis auf die unvermeidbaren Zeiten für erste Lösch- und Rettungsarbeiten, so weit wie möglich geschlossen bleiben, um einen Raucheintrag in die Flure zu vermeiden. Der Eigenschutz ist unbedingt zu beachten.
- Nach den vorliegenden Erfahrungen mit Brandereignissen in Justizvollzugsanstalten und nach Abwägung aller Umstände eines solchen Gefahrenfalls sollen die anderen Hafträume so lange wie möglich geschlossen bleiben. Eventuell in die Flure eindringender Rauch stellt keine Gefahr für die in den Hafträumen verbleibenden Insassen dar. Hier sind, dichtschließende Türen vorausgesetzt, erfahrungsgemäß keine gefährlichen CO-Konzentrationen zu erwarten (vgl. dazu Rauchsimulationsberechnung des TÜV Nord). Dies gilt prinzipiell auch für den Fall, in dem z. B. am Tage die Haftraumtüren offen sind und die Insassen sich frei in einem Abschnitt des Hafthauses bewegen. Im Brandfall muss organisatorisch sichergestellt sein, dass die Tür zu einem brennenden Raum unverzüglich geschlossen wird.
- Sollte eine erfolgreiche Erstbekämpfung des Brandes nicht möglich sein, wird die Haftraumtür wieder geschlossen. Weitere gezielte Löscharbeiten können dann erst durch die Feuerwehr vorgenommen werden.
- Um der Feuerwehr einen sicheren Löschangriff und ggf. Rettungsarbeiten zu ermöglichen, müssen Flure jedoch spätestens mit dem Eintreffen der Feuerwehr über entsprechende technische Einrichtungen (Fenster, Rauchabzüge, Lüftungsgeräte der Feuerwehr etc.) entraucht werden können.
- Erst wenn die Gefahrenlage es erfordert, wird die Feuerwehr die Evakuierung der betroffenen Bereiche durchführen. Einzelheiten dazu regelt die jeweilige Brandschutzordnung.
- Dieses betriebliche Konzept gilt sowohl für die Tag- als auch für die Nachtzeit. Für die Tagzeit muss zusätzlich darauf geachtet werden, dass im Brandfall die Tür des Brandraumes sowie alle anderen Zellentüren möglichst

schnell geschlossen werden, um einen Raucheintrag in nicht vom Brand betroffene Bereiche zu verhindern.

- Die nachfolgend im Einzelnen aufgeführten Vorschläge zu baulichen, anlagentechnischen und betrieblichen Maßnahmen sind auf dieses Szenario abgestimmt.

4. Baurecht

Justizvollzugsanstalten sind baurechtlich einzustufen als

- Gebäude mittlerer Höhe (§ 2 Abs. 3 Satz 2 BauO NRW) – als Regelannahme
- Gebäude besonderer Art und Nutzung (§ 54 Abs. 1 BauO NRW)
- Großer Sonderbau (§ 68 Abs. 1 Satz 3 Nr. 14 BauO NRW)

Atypische Betrachtungen (gegenüber der in der BauO NRW geregelten „Standardsituation Wohngebäude“) können sich insbesondere ergeben zu

- Notwendigen Fluren (Kabelführungen, Einbauten für Vollzugspersonal etc.)
- Decken (offene Deckenverbindungen zwischen Geschossen)
- Türen (fehlende Zulassungen bei Wechsel der Schließeinrichtungen, Verzicht auf Selbstschließung)
- Größeren Brandabschnitten (vorhandener Bestand)

Hierzu können im Rahmen des § 54 BauO NRW besondere Anforderungen gestellt oder Erleichterungen gestattet werden.

5. besondere bauliche Anforderungen zum Brandschutz

5.1 Brand- und Rauchabschnitte

Bei Neuplanungen können die Vorgaben des § 32 BauO NRW hinsichtlich des Wandabstandes sowie der Flächengröße der Brandabschnitte so weit wie möglich eingehalten werden. Bei vorhandenen Gebäuden, in denen die Abstände der Gebäudetrennwände den derzeit geltenden Bestimmungen ggf. nicht entsprechen, müssen in der Regel zusätzliche Gebäudetrennwände nachträglich nicht errichtet werden, da die Zellentrakte aufgrund ihrer besonderen baulichen Strukturen bereits hohe Sicherheitsreserven gegen eine flächenhafte Brandausbreitung aufweisen. Dies vor allem, da zunächst jeder Haftraum als eigener „Brandabschnitt“ betrachtet werden kann (vgl. dazu z. B. die Anforderungen der BeVO an Beherbergungsräume), die Flure brandlastarm sind und eine Brandausbreitung bereits aus diesem Grunde äußerst unwahrscheinlich ist.

5.1.1 Rauchschutz durch abschnittbildende Türen

Um eine flächenhafte Ausbreitung von Brandrauch zu verhindern, sollten die häufig sehr langen Flurbereiche, soweit dies baulich möglich ist, mittels Rauchschutztüranlagen in einzelne Abschnitte unterteilt werden. Die Türen sollten unabhängig von den Sicherheitstüranlagen der JVA-spezifischen Nutzungen (hier handelt es sich hauptsächlich um Gittertüren/-tore) angeordnet und mit automatischen Feststellvorrichtungen versehen werden, welche die Tür im Normalbetrieb offenhalten, sodass sie im Dienstbetrieb kein Hindernis darstellen. Durch die Anlage von Rauchschutztüren bleibt der Rauch bei Brandereignissen auf einen fest umgrenzten Bereich beschränkt, sodass sich betroffene Personen gezielt in einen sicheren Bereich zurückziehen können.

Ist es aufgrund vorhandener baulicher Gegebenheiten erforderlich, Sicherheits- und Brandschutztüranlage zu kombinieren, ergibt sich das Problem der „Schließanlagen“ (siehe Nr. 5.3).

5.2 Treppenräume

Treppenräume müssen immer den Anforderungen des § 37 BauO NRW entsprechen. Zu den auch hier möglichen Problemen mit veränderten Schließeinrichtungen an T- oder RS-Türen siehe Nr. 5.3.

5.3 Einbau von JVA-Schließanlagen in Türen mit Brand- und/oder Rauchschutzeigenschaften

5.3.1 Feuerschutztüren (z. B. T 30 mit oder ohne Rauchschutz)

Feuerschutztüren sind Bauprodukte, die nur dann verwendet werden dürfen, wenn dafür eine allgemeine bauaufsichtliche Zulassung (§ 21 BauO NRW) vorliegt und die Türen zulassungskonform hergestellt und eingebaut werden. Allgemeine bauaufsichtliche Zulassungen werden vom Deutschen Institut für Bautechnik in Berlin (DIBt) erteilt. Die allgemeine bauaufsichtliche Zulassung gilt als Verwendbarkeitsnachweis nach § 20 BauO NRW. Feuerschutztüren, für die eine allgemeine bauaufsichtliche Zulassung vorliegt, müssen zulassungskonform **hergestellt** und **eingebaut** werden.

Problem JVA-Schließung

In den Gebäuden einer JVA werden in den Bereichen, die dem geschlossenen Vollzug dienen, ausschließlich Türen eingebaut, die JVA-spezifische Sicherheitsanforderungen erfüllen müssen. Diese Türen werden daher alle mit speziellen Schließsystemen ausgestattet (z. B. Schlechtendahl, STuV oder ähnliche Schließsysteme).

Wenn eine Tür aber gleichzeitig Sicherheits- **und** Brandschutzanforderungen erfüllen muss, darf sie nur dann verwendet werden, wenn der Einbau einer JVA-spezifischen Schließeinrichtung von der allgemeinen bauaufsichtlichen Zulassung mit erfasst wird.

Der Einbau (durch Austausch oder als Zusatzschloss) JVA-spezifischer Schließsysteme in Türen, bei denen das JVA-Schloss nicht Gegenstand der für die allgemeine bauaufsichtliche Zulassung notwendigen Produktprüfungen und damit auch nicht Gegenstand der allgemeinen bauaufsichtlichen Zulassung war, führt zum Verlust der Zulassung.

Eine solche Tür darf als Bauprodukt nicht mehr verwendet werden, da sie nicht mehr den Anforderungen des § 20 Abs. 1 BauO NRW entspricht. Unerheblich ist dabei, ob die Tür durch den Einbau eines anderen Schlosses einen „tatsächlichen" Sicherheitsmangel aufweist oder nicht.

Für dieses Problem sieht die BauO NRW folgende Lösungsvarianten vor:

- Türen mit allgemeiner bauaufsichtlicher Zulassung einschließlich JVA-Schließung

  In NRW stellt z. Zt. nur die Firma Teckentrup Türen her, die eine allgemeine bauaufsichtliche Zulassung für Feuerschutztüren einschließlich JVA-spezifischer Schließsysteme besitzen. Bei den Türen handelt es sich um Stahltüren mit Glasausschnitt. Die Schlösser werden ausschließlich als Zusatzschloss eingesetzt. In diesen Türen verwendet werden können die Schlösser der Firmen:

  - Steinbach & Vollmann GmbH & Co. KG (StuV) und
  - Schlechtendahl & Söhne GmbH & Co. KG.

- **Herstellerbescheinigung** bei nicht wesentlicher Abweichung (§ 25 Abs. 1 BauO NRW)

  In den Fällen, in denen ein **Hersteller** bescheinigt, dass der nachträgliche Einbau eines JVA-spezifischen Schlosses als „nicht wesentliche Abweichung" betrachtet werden kann, ist keine Zulassung im Einzelfall erforderlich. In diesen Fällen gilt weiterhin die jeweilige allgemeine bauaufsichtliche Zulassung.

- Beantragung einer **Zulassung im Einzelfall** (§ 23 BauO NRW)

  Der Antrag wird i. d. R. vom Hersteller gestellt. Dazu muss die Tür mit dem veränderten Schloss zunächst durch ein Materialprüfungsamt (z. B. MPA NRW) darauf hin geprüft werden, ob sie auch weiterhin die an sie zu stellenden brandschutztechnischen Anforderungen erfüllt. Erst nach positivem Prüfergebnis (Gutachten) kann der Antrag auf Zulassung im Einzelfall beim

Ministerium für Bauen und Verkehr gestellt werden. Von einer Zulassung im Einzelfall können auch mehrere baugleiche Türen in einem Objekt erfasst werden.

Wie alle anderen Genehmigungs- oder Zulassungsverfahren der BauO NRW handelt es sich auch bei der Zulassung im Einzelfall um ein präventiv anzuwendendes Prüfverfahren. Es muss daher in jedem Fall **vor Fertigung der Türen beantragt und genehmigt** werden. Dieser Lösungsweg kann daher nur in der Planungs- und Ausschreibungsphase begangen werden. Eine nachträgliche Zulassung im Einzelfall für bereits eingebaute Türen wird vom Ministerium für Bauen und Verkehr i. d. R. nicht erteilt werden können, da die Voraussetzungen dafür nicht vorliegen.

5.3.2 Türen mit Rauchschutz (RS-Türen)

Rauchschutztüren (RS-Türen nach DIN 18095) sind in der Bauregelliste A, Teil 2 Nr. 2.33 aufgeführt. Als Verwendbarkeitsnachweis für diese Türen genügt die Vorlage eines **allgemeinen bauaufsichtlichen Prüfzeugnisses** (§ 22 BauO NRW). Das allgemeine bauaufsichtliche Prüfzeugnis muss vom Hersteller beantragt werden. Für die Erteilung eines allgemeinen bauaufsichtlichen Prüfzeugnisses ist in NRW das MPA NRW zuständig.

Das Verfahren zur Erlangung eines allgemeinen bauaufsichtlichen Prüfzeugnisses ist für die jeweiligen Hersteller daher erheblich kosten- und zeitgünstiger als die Beantragung einer allgemeinen bauaufsichtlichen Zulassung.

Auch in diese Türen dürfen JVA-Schließsysteme nur eingebaut werden, wenn sie zusammen mit der Tür geprüft wurden und das allgemeine bauaufsichtliche Prüfzeugnis diese Schlösser erfasst. Im Übrigen gelten die unter 6.3.1 gemachten Ausführungen sinngemäß auch für RS-Türen.

Fazit:

In Justizvollzugsanstalten dürfen Türen, die neben der reinen Sicherheits- auch eine Brand- und/oder Rauchschutzfunktion haben, nur dann mit JVA-typischen Schließsystemen ausgestattet werden, wenn sie entweder:

- eine Allgemeine Bauaufsichtliche Zulassung (Feuerschutz) oder ein Allgemeines Bauaufsichtliches Prüfzeugnis (Rauchschutz) haben, in dem das JVA-Schloss mit geregelt ist, oder
- der Hersteller erklärt, dass das veränderte Schloss eine nicht wesentliche Abweichung von allgemeiner bauaufsichtlicher Zulassung darstellt, oder
- der Hersteller eine Zustimmung im Einzelfall beim Ministerium für Bauen und Verkehr beantragt.

Diese Rechtslage macht es notwendig, sich bereits in der Genehmigungs-, spätestens aber in der Ausführungsplanung mit den verschiedenen Nachweismöglichkeiten zur Verwendungsfähigkeit von Brand- und Rauchschutztüren nach den Regelungen der §§ 20 ff. BauO NRW auseinanderzusetzen.

5.4 Haftraumtüren

Haftraumtüren sollen möglichst lange rauchdicht sein und auch über einen gewissen Zeitraum einem Brand widerstehen. Sie sollen so zum einen eine Ausbreitung von Rauch und Feuer in die Flure aus einem brennenden Haftraum wie auch den Raucheintrag in die nicht vom Brand betroffenen Hafträume so weit wie möglich behindern. Die in den JVAen vorhandenen Haftraumtüren erreichen diese Anforderungen in vielen Fällen bauartbedingt bereits heute auch ohne weitere bauliche Maßnahmen.

Zellentüren sind entweder massive Holz- oder Stahltüren. Verschiedene Brandereignisse in JVAen (z. B. in der JVA Herford) haben gezeigt, dass vor allem bei vorhandenen Stahltüren davon ausgegangen werden kann, dass sie ein hohes Maß an Sicherheit bieten und den Anforderungen an eine T-30 RS-Tür nahe kommen. Holztüren (sie bestehen zumeist aus mehrere Zentimeter dickem Hartholz) sind von ähnlicher Qualität. Gegebenenfalls müssen hier in einzelnen Fällen bauliche Maßnahmen in Bezug auf den Rauchdurchtritt im Bereich der Fugen zwischen Türfutter und Tür durchgeführt werden wie z. B. nachträglich angebrachte dreiseitig umlaufende Dichtungen.

5.5 Türen zu anderen Räumen

Sofern im Einzelfall Türen zu anderen Räumen in Haftbereichen (wie z. B. zu Teeküchen, Aufenthaltsräumen, Lagerräumen) aus brandschutztechnischer Sicht höhere Anforderungen erfüllen müssen, sollen diese als T 30-RS-Türen ausgeführt werden.

Wenn diese Türen regelmäßig offen gehalten werden sollen, müssen sie mit einer bauaufsichtlich zugelassenen Feststellvorrichtung versehen werden, welche die Tür im Brandfall schließt.

5.6 Verzicht auf eine Selbstschließung bei T 30- oder RS-Türen

Eine der bauordnungsrechtlichen Anforderungen an Feuer- bzw. Rauchschutztüren im Zuge von notwendigen Fluren oder an Treppenräumen ist, dass diese Türen selbstschließend sein müssen (vgl. § 32 Abs. 3, § 37 Abs. 10 § 38 Abs. 2 BauO NRW). Sofern eine Selbstschließung dieser Türen aus vollzuglichen Gründen entfallen soll und eine bauaufsichtlich zugelassene Feststellvorrichtung nicht eingebaut werden kann, muss dazu eine Erleichterung von den jeweiligen bauordnungsrechtlichen Anforderungen in Anspruch genommen werden. Die Begründung könnte wie folgt lauten:

Nutzungsbedingt sind alle Türen im Hafthaus grundsätzlich abgeschlossen. Sie werden vor jedem Durchgang geöffnet und anschließend wieder verschlossen. Der „Betriebszustand" der Türen ist demnach „geschlossen", sodass aus brandschutztechnischer Sicht die bauordnungsrechtlichen Anforderungen an die Selbstschließung auf andere Weise erfüllt sind und entfallen können.

5.7 Entrauchungsanlagen

Zur Entrauchung von Flurbereichen und zur Verringerung der Temperaturen bei Brandereignissen (zur Gewährleistung sichererer Löscharbeiten) müssen wirksame Entrauchungsmaßnahmen durchgeführt werden können. Mechanische Entrauchungsanlagen sind in den bestehenden JVAen nur vereinzelt vorhanden, Standard ist die Entlüftung über Dachöffnungen. Die für eine wirksame Entrauchung erforderliche Zuluft kann über Öffnungen in der Fassade oder durch die Feuerwehr (Gebläse) sichergestellt werden.

Vor dem Hintergrund der Erfahrungen mit Brandereignissen reichen die vorhandenen Entrauchungsmöglichkeiten in vielen Fällen aus. Weitere bauliche Maßnahmen sind daher in den meisten Fällen nicht erforderlich. Gegebenenfalls kann es in Einzelfällen jedoch notwendig sein, innenliegende Flure mechanisch zu entrauchen.

5.8 Automatische Brandmeldeanlagen und Alarmierungssysteme

Ein Großteil der vorhandenen JVAen ist bereits heute (zumindest teilweise) durch automatische Brandmeldeanlagen sowie parallel dazu mit manuellen Alarmierungssystemen ausgerüstet. In den meisten Fällen läuft der Alarm in einer ständig besetzten Stelle auf und wird zur Feuerwehr weitergeleitet.

Brandereignisse in Werkstätten, Lagerräumen, Kellerräumen etc. sollten dagegen grundsätzlich durch eine BMA detektiert werden.

Jede JVA muss einen aktuellen, mit der Feuerwehr abgestimmten Feuerwehrplan gem. DIN 14095 vorhalten. Die Pläne werden in der Pforte aufbewahrt. Die Feuerwehr erhält einen Zufahrtsplan.

5.9 Löscheinrichtungen

5.9.1 Wandhydranten

In der Mehrzahl der JVAen sind Wandhydranten in entsprechenden Abständen auf den Fluren vorhanden. Sie sind im Grunde keine Löscheinrichtungen für die Feuerwehr, sondern sollen dem Personal einen ersten Löschangriff möglich machen. Wandhydranten in JVAen sind jedoch durchaus geeignet, auch von der Feuerwehr für eine Brandbekämpfung genutzt zu werden. Sie unterliegen einer regelmäßigen Wartung und liefern ausreichend Wasser und sind so weit als sicher zu bezeichnen. Eine Brandbekämpfung ist somit zunächst schneller und mit erheblich weniger Aufwand möglich, da keine Schlauchleitungen durch im Allgemeinen relativ ausgedehnte Gebäude verlegt werden müssen. Vor allem aber bleiben die vorhandenen Türen schließbar, sodass auch in einem solchen Fall das Sicherheitskonzept einer JVA erhalten bleibt. Wandhydranten müssen in verschließbare Behältnisse eingebaut werden.

5.9.2 Feuerlöscher

Bisher stellen Pulverlöscher die gebräuchlichste Variante in JVAen dar. Diese Löscher hinterlassen jedoch beim Einsatz (auch bei Missbrauch) starke Rückstände und führen zu Schäden. Da Wasserlöscher gerade bei Zellenbränden, die mit Zimmer- oder Wohnungsbränden vergleichbar sind, erhebliche Vorteile bezüglich der Folgeschäden (bei gleicher Löschwirkung) haben, sollten daher die Pulverlöscher auf lange Sicht durch Wasser- und Schaumlöscher ersetzt werden. Die Feuerlöscher müssen an sicheren Orten (z. B. in den Aufsichtsräumen) aufbewahrt werden.

6. Organisatorische Brandschutzmaßnahmen

Folgende drei Bereiche kommen für eine Betrachtung des organisatorischen Brandschutzes in einer Justizvollzugsanstalt in Betracht:

- Interne Koordinierung des hauseigenen Personals und deren Maßnahmen
- Zuführung externer Kräfte (Feuerwehr/Rettungsdienst/Polizei u. a.)
- Aufrechterhaltung der Sicherheitsstrukturen

6.1 Interne Koordinierung

Wie bei anderen Sicherheitsstörungen auch hat im Brandfall das erste Eingreifen entscheidenden Einfluss auf den weiteren Verlauf. Da sich Brände binnen Minuten entwickeln und Wärme und Rauch weite Bereiche gefährden können, müssen erste Maßnahmen die Ausweitung dieser Gefahren verhindern. Ausschlaggebend für die Art der Maßnahmen ist die Gebäudestruktur, in der das Brandereignis stattfindet.

Da eine erfolgreiche Brandbekämpfung mit betrieblichen Mitteln allein nicht garantiert werden kann und der Zeitfaktor eine entscheidende Rolle spielt, kann auf eine sofortige Alarmierung der Feuerwehr nicht verzichtet werden (vgl. Nr. 3.2).

Die Alarmierung des hauseigenen Personals sollte von der sonst üblichen Alarmierung nicht abweichen. Der sofortige Einschluss aller Gefangenen in sicheren Bereichen der Anstalt und die damit verbundene Freisetzung des Personals bei der Auslösung des Hausalarmes ist auch im Brandfall das geeignete Mittel der Wahl.

Die erste Maßnahme vor Ort ist die Verbringung aller unmittelbar gefährdeten Personen in einen sicheren Bereich (Personenrettung).

Die Evakuierung anderer Personen wird zugunsten der Verhinderung einer Brand- und Rauchausweitung zunächst zurückgestellt. Die weitere Ausbreitung eines Brandes durch Brandbekämpfung oder, wenn dies nicht mehr möglich ist, durch andere Maßnahmen (Schließen der Türen, RWA) zu verhindern, hat Priorität.

Die Festlegung dieser Maßnahmen erfolgt in der Brandschutzordnung gem. DIN 14096 (siehe Anlage 1).

Aufgaben der Zentrale:

- Alarmierung Feuerwehr/Polizei
- Alarmierung des dienstfreien Personals
- Alarmierung Anstaltsleitung/„Führungsstab“
- Dokumentation der Lage, Verletzte/betroffener Bereich

6.2 Zuführung externer Kräfte

Die eintreffenden Kräfte werden sich an der Pforte einfinden und auf Einlass in die Anstalt drängen. Im Vorfeld muss geregelt sein:

- wie die Feuerwehr in das umwehrte Anstaltsgelände einfährt
- ob die Feuerwehr mit Anstaltsschlüsseln ausgestattet wird
- wie die Feuerwehr zur Brandstelle geführt wird
- welche Aufgaben Polizei und Rettungsdienst übernehmen
- wie die Löschwasserversorgung sichergestellt ist

Die Sicherheitsstrukturen gegen Entweichung müssen auch während eines Brandereignisses gewährleistet bleiben.

7. Schlusswort

Die von der Projektgruppe erarbeiteten Hinweise sollen Planern und Betreibern von Justizvollzugsanstalten dabei helfen, typische Brandschutzprobleme zu erkennen und sie planerisch und betrieblich zu lösen. Die Hinweise ersetzen dabei nicht den Blick in baurechtliche Vorschriften, Normen und andere Regelwerke. Sie dienen jedoch der Gesamteinschätzung des Gefahrenfalls „Brand“ in einer Justizvollzugsanstalt. Die Hinweise machen darüber hinaus auch deutlich, wie wichtig das Zusammenwirken von Errichtern und Betreibern in der Planung sowie vor allem der brandschutztechnisch sichere Betrieb einer JVA ist.

Düsseldorf

Martin Boeckh
für den Bau- und Liegenschaftsbetrieb NRW

Wuppertal

Hermann Budde
für die Justizvollzugsverwaltung

7.2 Hinweise des Wirtschaftsministeriums Baden-Württemberg über den baulichen Brandschutz in Krankenhäusern und baulichen Anlagen entsprechender Zweckbestimmung

Hinweise des Wirtschaftsministeriums Baden-Württemberg über den baulichen Brandschutz in Krankenhäusern und baulichen Anlagen entsprechender Zweckbestimmung

Vom 26. April 2007 – Az.: 5-2615.5/25 –

I. Anwendungsbereich

Diese Hinweise bilden ein Schutzkonzept für den Brandschutz bei der Errichtung von Krankenhäusern, baulichen Anlagen entsprechender Zweckbestimmung (z.B. Vorsorge- und Rehabilitationseinrichtungen und Pflegeheime) und Funktionsbereichen entsprechender Zweckbestimmung anderer baulicher Anlagen (z.B. Pflegebereiche in Alten- und Kinderheimen), an die nach § 38 LBO besondere Anforderungen gestellt oder Erleichterungen gestattet werden können.

Die Hinweise sind als ergänzende Planungshilfe zu verstehen.

Der Begriff „Krankenhäuser" umfasst im weiteren Text auch die in der Überschrift genannten baulichen Anlagen entsprechender Zweckbestimmung. Bei der Frage, ob ein Vorhaben in den Bereich dieser Hinweise fällt, können verschiedene Aspekte eine Rolle spielen. Dies reicht von der allgemeinen brandschutztechnischen Situation bis zur Frage, inwiefern die sich in der Anlage bewegenden Personen körperlich eingeschränkt sind, ob es sich um einen stationären Aufenthalt handelt und ob eine gewisse Zahl an Plätzen überschritten wird. Als Anhaltspunkt ist eine Bettenzahl von sechs Patientenbetten anzusehen.

Abweichungen sind möglich, sofern dem Schutzziel der Regelungen entsprochen wird. Weitere Anforderungen können gestellt werden, soweit dies zur Erreichung des Schutzzieles erforderlich ist. Dies kann z.B. für geschlossene psychiatrische Abteilungen von Krankenhäusern oder Krankenhäuser bzw. -abteilungen innerhalb von Strafvollzugsanstalten erforderlich werden.

Für Pflege- und Behandlungsbereiche in Untergeschossen und für Geschosse deren Fußboden mehr als 22 Meter über Geländeoberfläche liegen, können besondere Anforderungen gestellt werden.

Die Vorschriften der LBOAVO bleiben unberührt, soweit in diesen Hinweisen keine abweichenden Anforderungen gestellt werden.

Für bestehende bauliche Anlagen können diese Hinweise insoweit als Entscheidungshilfe herangezogen werden, ob die Voraussetzungen nach § 76 Abs. 1 LBO gegeben sind.

II. Begriffe

Krankenhäuser
sind bauliche Anlagen, in denen durch ärztliche und pflegerische Hilfeleistung Krankheiten, Leiden oder Körperschäden festgestellt, geheilt oder gelindert werden sollen, Geburtshilfe geleistet wird und in denen die zu versorgenden Personen untergebracht und verpflegt werden können.

Vorsorge- und Reha-Einrichtungen
sind bauliche Anlagen, in denen durch ärztliche und therapeutische Hilfeleistung Krankheiten, Leiden oder Körperschäden geheilt oder gelindert werden und in denen die zu versorgenden Personen untergebracht, verpflegt und behandelt werden können.

Pflegebereiche
sind Gebäude oder Gebäudeteile in denen Pflegeeinheiten untergebracht sind.

Pflegeeinheiten
sind Raumgruppen, in denen Kranke und sonstige Pflegebedürftige untergebracht, verpflegt und gepflegt werden.

Untersuchungs- und Behandlungsbereiche
sind Gebäude, Gebäudeteile oder Raumgruppen, in denen Krankheiten, Leiden oder Körperschäden festgestellt und/ oder behandelt werden.
Zu den Pflege-, Untersuchungs- und Behandlungsbereichen zählen auch zugehörige Nebenräume, wie Umkleide-, Wasch- und Pausenräume, Bereitschaftsräume für Ärzte, Pflegepersonal und sonstige Betriebsangehörige.

Großraumbereiche
sind zusammenhängende Raumgruppen ohne notwendige Flure.

Sonderbereiche
sind Bereiche, die ein besonders hohes Maß an Behandlung, Pflege oder Überwachung erfordern.

Brandschutzbereiche
dienen der horizontalen Rettung von Liegendkranken in geschützte benachbarte Bereiche.

Rauchabschnitte
dienen der Verhinderung der Rauchausbreitung im Brandfall über einen flächenmäßig bestimmten Bereich hinaus.

III. Anforderungen an die bauliche Ausführung

1. Wände, Decken, Dächer

1.1 Tragende und aussteifende Wände, Decken, und Stützen
Diese Bauteile müssen folgendes Brandverhalten aufweisen:

- Keine Anforderungen bei obersten Geschossen, die weder Aufenthaltsräume, zugehörige Nebenräume noch Rettungswege enthalten,
- mindestens feuerhemmend bei Gebäuden mit nicht mehr als einem oberirdischen Geschoss außer in Untergeschossen, bei denen keine Außenwand vollständig über der festgelegten Geländeroberfläche liegt,
- mindestens feuerhemmend bei Gebäuden mit nicht mehr als zwei Geschossen ohne Pflege- sowie Untersuchungs- und Behandlungsbereiche,
- feuerbeständig bei sonstigen Gebäuden und in Untergeschossen nach dem 2. Unterpunkt zu III.1.1

1.2 Außenwände
Außenwände sind in den wesentlichen Teilen nichtbrennbar auszuführen; Baustoffe in Außenwänden dürfen nicht brennend abtropfen können, dies betrifft insbesondere auch die Dämmschicht. Die Außenbekleidung kann schwer entflammbar (Baustoffklasse B1) ausgeführt werden, wenn es sich um einen Baukörper mit bis zu zwei oberirdischen Geschossen handelt.

1.3 Innenwände

1.3.1 Wände, die Rauchabschnitte, Brandschutzbereiche und Brandabschnitte bilden, müssen mindestens folgendes Brandverhalten aufweisen:

- Feuerhemmend zwischen Rauchabschnitten, wobei zur Abschnittsbildung notwendige Schotte über die Kenngröße „Rauch" zu steuern sind,
- Feuerbeständig zwischen Brandschutzbereichen, Sonderbereichen, Großraumbereichen, notwendigen Treppenräumen und Treppenraumerweiterungen,
- Brandwandeigenschaft zwischen Brandabschnitten.

1.3.1 Raumabschlüsse zwischen notwendigen Fluren und anderen Räumen müssen in ihren Bauteilen und Baustoffen mindestens folgende Eigenschaften aufweisen:

- bei Gebäuden mit nicht mehr als einem oberirdischen Geschoss nichtbrennbar,
- bei sonstigen Gebäuden mindestens feuerhemmend und nichtbrennbar.

1.4 Dämmstoffe und Bekleidungen

Dämmstoffe und Bekleidungen müssen folgendes Brandverhalten aufweisen:

- Nichtbrennbar an Wänden und Decken von Rettungswegen, in Räumen mit erhöhter Brand- und Explosionsgefahr, Installationsbereichen und in Dächern (mit Ausnahme der Dachhaut),
- schwerentflammbar an sonstigen Innenwänden und Decken.

1.5 Öffnungen in Decken

Geschosse in Pflege- und Behandlungsbereichen dürfen grundsätzlich nicht über offene Treppen oder andere Öffnungen miteinander in Verbindung stehen. Abweichungen, wie z.B. Eingangshallen, bedürfen weitergehender brandschutztechnischer Maßnahmen in Abstimmung mit der für den Brandschutz zuständigen Dienststelle. Hierbei dürfen durch diese offenen Bereiche grundsätzlich keine notwendigen Treppen geführt werden und die Begrenzung des Bereichs ist wie für einen Brandschutzbereich auszubilden.

1.6 Dächer

Das Tragwerk von Dächern über Aufenthaltsräumen, zugehörigen Nebenräumen und Rettungswegen muss mindestens feuerhemmend ausgebildet werden.

2. Bereichsabgrenzungen für den Brandschutz

2.1. Brandabschnitte

Abweichend von § 7 Abs. 4 LBOAVO dürfen die Abstände der Brandwände bis zu 50 m betragen.
Größere Brandabschnitte sind möglich, wenn die Sicherheit durch weitergehende brandschutztechnische Maßnahmen gewährleistet ist.

2.2. Brandschutzbereiche

Soweit in Pflegebereichen eine Unterteilung in Brandabschnitte nicht erforderlich ist, sind Brandschutzbereiche herzustellen.
Geschosse in Pflegebereichen sind in mindestens zwei Brandschutzbereiche zu unterteilen.
Jeder Brandschutzbereich muss so bemessen sein, dass zusätzlich mindestens 30 v.H. der Betten des benachbarten Brandschutzbereiches vorübergehend aufgenommen werden können.

4

Jeder Brandschutzbereich muss mit einem anderen Brandschutzbereich und mit einem Treppenraum jeweils unmittelbar verbunden sein.

2.3. Rauchabschnitte

Brandabschnitte über 400 m² müssen in Rauchabschnitte von höchstens 400 m² unterteilt werden. Bei betriebsnotwendig größeren Rauchabschnitten sind Maßnahmen zu treffen, um die Rettung von Menschen sicherzustellen.

2.4. Großraumbereiche

Zusammenhängende Bereiche sind in Pflege-, Untersuchungs- und Behandlungsbereichen ohne notwendige Flure bis zu einer Grundfläche von 400 m² zulässig. Dies bedarf weitergehender brandschutztechnischer Maßnahmen. Insbesondere sind Räume, die der stationären Unterbringung von Pflegebedürftigen dienen, von dem Bereich, durch den im Brandfall die Evakuierung vorgesehen ist, durch eine feuerhemmende Wand und dichtschließende Türen abzutrennen.
In einem Großraumbereich ist von maximal 10 Pflegebedürftigen auszugehen.
Weiterhin können insbesondere gefordert werden:

- erhöhte Personalverfügbarkeit für Erstmaßnahmen
- Maßnahmen zur Beschränkung der Verrauchung
- Löschanlage

2.5. Sonderbereiche

Sonderbereiche bedürfen weitergehender oder abweichender brandschutztechnischer Maßnahmen, die sich am Brandgefahrenpotential und der körperlichen und geistigen Verfassung der Nutzer orientieren.
Sonderbereiche sind insbesondere Bereiche der Intensivmedizin, der Quarantäne bei Infektionskrankheiten, der Akutdialyse und der Forensik.

3. Rettungswege in Gebäuden

3.1. Allgemeine Anforderungen

3.1.1. Art des Rettungswegs und Erreichbarkeit

Von jeder Stelle eines Aufenthaltsraumes müssen mindestens zwei voneinander unabhängige Rettungswege, die unmittelbar oder über eine notwendige Treppe ins Freie führen, vorhanden sein.
Mindestens einer dieser Rettungswege muss so beschaffen sein, dass das Freie oder ein Treppenraum mit einer notwendigen Treppe nach höchstens 30 Meter erreichbar ist. Soweit der erste Rettungsweg über eine notwendige Treppe führt, muss diese in einem Treppenraum angeordnet sein.
Der zweite Rettungsweg sollte möglichst entgegengesetzt zum ersten Rettungsweg angeordnet sein. Er kann auch unmittelbar aus einem Großraumbereich zu einer notwendigen Treppe oder in eine gleichartige benachbarte Nutzungseinheit führen, sofern von dort ein weiterer Rettungsweg jederzeit erreichbar ist. Außentreppen sind als zweiter baulicher Rettungsweg zulässig, sofern sie im Brandfall sicher benutzbar sind; diese Forderung ist regelmäßig bei einer im Bereich der Treppe geschlossenen Außenwand erfüllt.

3.1.2. Rettungswege und angelagerte Nutzungen

Rettungswege dürfen durch Foyers oder Hallen zu Ausgängen ins Freie geführt werden, wenn für jedes Geschoss mindestens ein weiterer von dem Foyer oder der Halle unabhängiger baulicher Rettungsweg vorhanden ist.

An Rettungswegen können Bereiche mit anderen Nutzungen, wie Empfangstheken oder Verkaufsräume, offen angeschlossen werden, wenn

- der Rettungsweg in Breite und Flucht unverändert fortgeführt wird,
- geeignete Maßnahmen den Rettungsweg als dauerhaft freizuhaltende Bewegungsfläche kennzeichnen und
- die mit anderen Nutzungen belegten Bereiche über eine Löschanlage verfügen, die geeignet ist, die potentiellen Brandherde zu erreichen und eine Rauchschürze in Verbindung mit einem Rauchabzug den Raucheintrag in den Rettungsweg weitgehend verhindert.

3.1.3. Rettungswege über Stichflure

Rettungswege über Stichflure sind dann zulässig, wenn

- die Länge der Rettungswege in diesem Flur maximal 10 m beträgt oder diese Länge 15 m beträgt, sofern der Stichflur vom Hauptflur durch eine Rauchschutztüre getrennt ist, und
- diese Flure an ihrem Ende durch unmittelbar ins Freie führende Fenster zu beleuchten und zu belüften sind.

3.1.4. Rettungswege sind durch beleuchtete Sicherheitszeichen dauerhaft und gut sichtbar zu kennzeichnen.

3.2. Treppen

3.2.1. Notwendige Treppen müssen aus nichtbrennbaren Baustoffen ausgebildet sein.

3.2.2. Die nutzbare Breite notwendiger Treppen und Treppenabsätze muss mindestens 1,20 m und darf höchstens 2,40 m betragen. Türflügel dürfen die nutzbare Breite der Treppenabsätze nicht einengen.

3.2.3. Treppen mit gewendeltem Lauf sind als notwendige Treppen unzulässig.

3.3. Treppenräume

3.3.1. Notwendige Treppenräume (§ 11 Abs.1 LBOAVO), die nicht unmittelbar oder über einen möglichst kurzen Flur einen Ausgang ins Freie haben, sind zulässig, wenn die Treppenräume über einen Flur oder eine Halle (z.B. Eingangshalle) mit dem Freien verbunden sind, die den folgenden Anforderungen genügen:

- Entfernung von der untersten Treppenstufe bis zum Freien maximal 20 m,
- Abtrennung zum Treppenraum und gegenüber anderen Räumen mit feuerbeständigen Wänden,
- Türen zum Treppenraum und zu anderen Räumen mindestens feuerhemmend, rauchdicht und selbstschließend.

3.3.2. Notwendige Treppenräume, sowie alle innen liegenden Treppenräume müssen an der obersten Stelle eine rauchmeldergesteuerte Rauchabzugsvorrichtung mit einem freien Querschnitt von mindestens 1 m² haben oder es sind Maßnahmen zu treffen, die einen Raucheintritt verhindern.

Fenster dürfen als Rauchabzüge ausgebildet werden, wenn die Unterkante der Fenster mindestens 1,80 m über dem obersten Fußbodenniveau liegt.

3.4. Flure

3.4.1. Flure, in denen Kranke liegend befördert werden, müssen in Krankenhäusern und vergleichbaren Einrichtungen eine nutzbare Breite von mindestens 2,25 m haben, in Pflegeheimen und vergleichbaren Einrichtungen ist eine nutzbare Breite von 1,80 m ausreichend.

3.4.2. Die Mindestbreite der Flure darf durch Einbauten nicht eingeschränkt werden.
Einbauten müssen überwiegend aus nichtbrennbaren Baustoffen bestehen; Einzelteile aus schwerentflammbaren Baustoffen können zugelassen werden.

3.4.3. Notwendige Flure, Sonder- und Großraumbereiche ohne öffenbare Fenster oder Oberlichter müssen so entraucht werden können, dass keine Gefahr für andere Räume oder andere Bereiche entsteht. Diese Einrichtungen dürfen nicht gleichzeitig der Be- und Entlüftung angrenzender Räume dienen.

3.5. Türen

3.5.1. Türen, durch die Kranke liegend befördert werden, müssen eine lichte Breite von mindestens 1,20 m haben.

3.5.2. Türen von notwendigen Fluren, notwendigen Treppenräumen und Türen, die ins Freie führen, müssen in Fluchtrichtung aufschlagen und dürfen keine Schwellen haben.

3.5.3. Schiebetüren sind in Rettungswegen unzulässig, dies gilt nicht für automatische Schiebetüren, die Rettungswege nicht beeinträchtigen.
Pendeltüren müssen in Rettungswegen Vorrichtungen haben, die ein Durchpendeln der Türen verhindern.

3.5.4. Abweichend von § 14 Abs. 4 LBOAVO sind im Zuge notwendiger Flure feuerhemmende, rauchdichte und selbstschließende Türen in Brandwänden zulässig, sofern die angrenzenden Flurwände in einem Bereich von 1,25 m auf beiden Seiten dieser Türen mindestens feuerhemmend sind, aus nichtbrennbaren Baustoffen bestehen und keine Öffnungen haben.

3.5.5. Türen mit den Eigenschaften rauchdicht und selbstschließend werden in Wänden gefordert, die Rauchabschnitte begrenzen.

3.5.6. Türen mit den Eigenschaften feuerhemmend, rauchdicht und selbstschließend werden in Wänden gefordert, die folgende Räume oder Bereiche begrenzen:

- Brandschutzbereiche
- Großraumbereiche
- Sonderbereiche
- Vorräume vor Aufzügen in Untergeschossen
- notwendige Treppenräume

3.5.7. Türen, die selbstschließend sein müssen, dürfen offen gehalten werden, wenn sie Einrichtungen haben, die bei Raucheinwirkung ein selbsttätiges Schließen der Türen bewirken; sie müssen auch von Hand geschlossen werden können.

4. Technische Einrichtungen

4.1. Aufzüge und Transportanlagen

4.1.1. Aufzüge müssen eine an die Brandmeldeanlage angeschlossene dynamische Brandfallsteuerung haben.
Ein geeignetes Signal muss im Gefahrenfall darauf hinweisen, dass ein Aufzug nicht in Betrieb ist.
Die Brandfallsteuerung muss über einen Schlüsselschalter übersteuert werden können.

4.1.2. In Untergeschossen sind vor Aufzügen Vorräume anzuordnen, die durch feuerbeständige Wände von Fluren und anderen Räumen zu trennen sind.

4.1.3. Schächte und Kanäle von Transportanlagen müssen feuerbeständig sein und sind so herzustellen, dass Feuer und Rauch in andere Geschosse nicht übertragen werden können.

4.2. Sicherheitsbeleuchtung
Es muss eine Sicherheitsbeleuchtung vorhanden sein

- in notwendigen Fluren, notwendigen Treppenräumen, in Räumen zwischen notwendigen Treppenräumen und Ausgängen ins Freie und
- für Sicherheitszeichen im Zug von Rettungswegen.

4.3. Sicherheitsstromversorgungsanlagen
Krankenhäuser müssen eine Sicherheitsstromversorgungsanlage haben, die bei Ausfall der Stromversorgung den Betrieb der sicherheitstechnischen Anlagen und Einrichtungen übernimmt, insbesondere der

- Sicherheitsbeleuchtung
- Feuerwehraufzüge
- Rauchabzugsanlagen
- Alarmierungsanlagen
- Brandmeldeanlagen
- Gebäudefunkanlagen
- Feuerlöschanlagen.

4.4. Blitzschutzanlagen
Krankenhäuser müssen Blitzschutzanlagen haben, die auch die sicherheitstechnischen Einrichtungen schützen (äußerer und innerer Blitzschutz).

5. Feuerlösch- und Alarmierungseinrichtungen

5.1. Feuerlöscheinrichtungen

5.1.1. In jedem Geschoss sind geeignete Feuerlöscher in ausreichender Anzahl zu installieren. Die Feuerlöscher sind gut sichtbar und leicht zugänglich anzubringen.

5.1.2. Wandhydranten oder Steigleitungen können gefordert werden, wenn dies aus Gründen des Brandschutzes erforderlich ist. Diese sind dann in der Nähe der notwendigen Treppenräume gut sichtbar und leicht zugänglich zu installieren.

5.2. Alarmierungseinrichtungen
Es sind geeignete Alarmierungsanlagen zu installieren, durch die das Personal alarmiert werden kann.

5.3. Brandmeldeanlagen
Es sind flächendeckende Brandmeldeanlagen mit automatischen und nichtautomatischen Brandmeldern zu installieren (Vollschutz Kategorie I, Ausführung TM).

IV. Einrichtungen für die Feuerwehr

1. Flächen für Feuerwehr und Rettungsdienst
Krankenhäuser müssen über Zufahrten, Aufstell- und Bewegungsflächen für die Feuerwehr verfügen. Diese Flächen sind stets freizuhalten; darauf ist dauerhaft und gut sichtbar hinzuweisen.

2. Löschwasserversorgung
Krankenhäuser müssen über eine ausreichende Löschwasserversorgung verfügen. Dazu sind im Bereich der Aufstell- und Bewegungsflächen der Feuerwehr bzw. an den Zugängen zu den Rettungswegen Hydranten, vorzugsweise Überflurhydranten, anzuordnen.

3. Gebäudefunkanlagen
Wird die Funkkommunikation der Einsatzkräfte der Feuerwehr innerhalb der Gebäude durch die bauliche Anlage gestört, sind technische Einrichtungen zur Unterstützung des Funkverkehrs vorzusehen.

V. Zusätzliche Unterlagen

1. Bauvorlagen und zusätzliche Angaben
Über die üblichen Bauvorlagen hinaus sind grundsätzlich insbesondere folgende Unterlagen oder Angaben vorzulegen:

- die Zahl der Betten,
- die Zahl der Behandlungsplätze,
- erforderliche Rettungswege in Gebäuden und ihre Abmessungen,
- erforderliche Brandschutzeinrichtungen und ihre Dimensionierung,
- Nachweise über die erforderliche Bemessung der Brandschutzbereiche und der Brand- und Rauchabschnitte,
- Nachweise über eine ausreichende Löschwasserversorgung,
- Außenanlagenplan mit Zufahrten, Aufstell- und Bewegungsflächen für die Feuerwehr und
- besondere Pläne, Beschreibungen und Nachweise für die nach diesen Hinweisen geforderten technischen Einrichtungen.

2. Flucht- und Rettungspläne
Die Rettungswege und Brandschutzeinrichtungen sind in besondere Zeichnungen einzutragen, die als Aushang zur Information der Nutzer geeignet sein müssen.

3. Feuerwehrpläne
Feuerwehrpläne sind in Abstimmung mit der Feuerwehr bereitzustellen.

4. Brandschutzordnung
Es ist eine Brandschutzordnung aufzustellen und durch Aushang bekannt zu machen. In der Brandschutzordnung sind insbesondere die Erforderlichkeit und die Aufgaben eines Brandschutzbeauftragten und der Selbsthilfekräfte für den Brandschutz sowie die betrieblichen Maßnahmen festzulegen, die zur Rettung von Menschen erforderlich sind.
Das Personal ist bei Beginn des Arbeitsverhältnisses und danach mindestens jährlich zu unterweisen über

- die Lage und die Bedienung der Feuerlöscheinrichtungen und -anlagen, Rauchabzugsanlagen, Brandmelde- und Alarmierungsanlagen und der Brandmelder- und Alarmzentrale,
- die Brandschutzordnung, insbesondere über das Verhalten im Gefahrenfall und
- die Betriebsvorschriften.

VI. Prüfungen

1. Vor der ersten Inbetriebnahme hat der Betreiber des Krankenhauses die Rauchabzugseinrichtungen und die Feuerlösch-, Brandmelde- und Alarmierungsanlagen von Sachverständigen prüfen zu lassen. Dies gilt auch, wenn die Anlagen und Einrichtungen nach einer wesentlichen Änderung wieder in Betrieb genommen werden sollen. Die Prüfungen sind alle drei Jahre zu wiederholen.

2. Der Betreiber hat die brandschutztechnischen Belange der RLT-Anlagen vor der ersten Inbetriebnahme prüfen zu lassen. Die Prüfung ist mindestens alle drei Jahre zu wiederholen.

3. Der Betreiber hat die für die Aufrechterhaltung des Krankenhausbetriebes erforderlichen elektrischen Anlagen und Einrichtungen von einem Sachverständigen vor der ersten Inbetriebnahme prüfen zu lassen. Die Prüfung ist mindestens alle drei Jahre zu wiederholen. Abweichend hiervor genügt die Prüfung in Abständen von höchstens fünf Jahren, wenn der Betreiber sicherstellt, dass die Anlagen und Einrichtungen in der Zwischenzeit entsprechend den Bestimmungen des Verbandes Deutscher Elektrotechniker (VDE-Bestimmungen) durch Fachkräfte geprüft werden.

4. Für die Prüfungen hat der Betreiber die nötigen Vorrichtungen und fachlich geeignete Arbeitskräfte bereitzustellen und die erforderlichen Unterlagen bereitzuhalten.

5. Die Kosten dieser Prüfungen hat der Betreiber zu tragen.

6. Der Betreiber hat die bei diesen Prüfungen festgestellten Mängel unverzüglich beseitigen zu lassen. Er hat die Prüfberichte mindestens zehn Jahre aufzubewahren und der Baurechtsbehörde nach Aufforderung vorzulegen. Kommt der Betreiber der Aufforderung nicht nach, hat die Baurechtsbehörde das Recht, die entsprechenden Prüfungen auf Kosten des Betreibers durch Sachverständige durchführen zu lassen. Die Baurechtsbehörde kann im Einzelfall die Fristen für die Prüfungen verkürzen, wenn dies zur Abwehr drohender Verletzung von Recht oder Ordnung erforderlich ist.

7. Sachverständige sind insbesondere die nach der Bausachverständigenverordnung des Innenministeriums vom 15.07.86 (GBl. S. 305) (BauSVO) für die verschiedenen Sonderbauverordnungen anerkannten Sachverständigen mit ihren jeweiligen Spezialgebieten, die sinngemäß zu übertragen sind.

8. Nr. VI 1. bis 3. sind auf Krankenhäuser des Bundes, der Länder und der Gebietskörperschaften nicht anzuwenden. Die Prüfungen derartiger Krankenhäuser sind von den zuständigen Behörden dieser Körperschaften in eigner Verantwortung zu veranlassen, durchzuführen und zu überwachen.

7.3 Tabellen, Erläuterung bauaufsichtlicher Anforderungen

Zur Erläuterung der verwendeten bauaufsichtlichen Anforderungen (nationale Klassifizierung nach DIN 4102 und europäische Klassifizierung nach EUROCODE) dienen die nachfolgenden Tabellen 16 bis 34, die der Muster-Verwaltungsvorschrift Technische Baubestimmung – MVV TB [3] entnommen wurden.

Für eine stark vereinfachte Interpretation der Tabellen 16 bis 34 kann auf die Tabellen 35 bis 37 zurückgegriffen werden.

Tabelle 16: nach Anhang 4, Abschnitt 1.1, Tab. 1.1 MVV TB – Bauaufsichtliche Anforderungen und Baustoffklassen nach DIN 4102-1:1998-05 einschließlich Bodenbeläge und lineare Rohrdämmstoffe und weitere Merkmale

	Bauaufsichtliche Anforderung	**Mindestens erforderliche Baustoffklassen nach DIN 4102-1:1998-05**	**Zusätzliche Merkmale für die Verwendung**
	1	**2**	**3**
1	nichtbrennbar[1,2]	A2	–
2	schwerentflammbar[2]	B1	Baustoffe mit Ausnahme Bodenbeläge: begrenzte Rauchentwicklung (I ≤ 400 % x Min. bei Prüfung nach DIN 4102-15:1990-05) bestanden
3	schwerentflammbar[2] und nicht brennend abfallend oder abtropfend	B1	Kein brennendes Abfallen oder Abtropfen begrenzte Rauchentwicklung (I^a ≤ 400 % x Min. bei Prüfung nach DIN 4102-15:1990-05) bestanden
4	schwerentflammbar[2] und geringe Rauchentwicklung	B1	geringe Rauchentwicklung (I^a ≤ 100 % x Min. bei Prüfung nach DIN 4102-15:1990-05) bestanden
5	schwerentflammbar[2] und nicht brennend abfallend oder abtropfend sowie geringe Rauchentwicklung	B1	Kein brennendes Abfallen oder Abtropfen geringe Rauchentwicklung (I^a ≤ 100 % x Min. bei Prüfung nach DIN 4102-15:1990-05) bestanden

	Bauaufsichtliche Anforderung	Mindestens erforderliche Baustoffklassen nach DIN 4102-1:1998-05	Zusätzliche Merkmale für die Verwendung
	1	2	3
6	normalentflammbar nicht brennend abfallend oder abtropfend	B2	Kein brennendes Abfallen oder Abtropfen
7	normalentflammbar	B2	–
	[1] soweit erforderlich zusätzlich Schmelzpunkt > 1000 °C	–	Angabe: Schmelzpunkt von mindestens 1000 °C nach DIN 4102-17:2017-12
	[2] soweit erforderlich zusätzlich Rohdichte	–	Angabe: Rohdichte
	[a] Der Integralwert I der Rauchentwicklung ist durch Bestimmung des Flächeninhalts mittels Rechteckmethode unter der Kurve der Lichtschwächung über die Zeit zu ermitteln, die bei der Prüfung nach DIN 4102-15:1990-05 während der Beflammungsdauer mittels der Lichtmessstrecke nach DIN 50055:1989-03 mit einer Abtastrate von mindestens einem Messwert je 3 Sekunden aufgezeichnet wird.		

Tabelle 17: nach Anhang 4, Abschnitt 1.2, Tab. 1.2 MVV TB – Bauaufsichtliche Anforderungen und mindestens erforderliche Leistungen zum Brandverhalten

	Bauaufsichtliche Anforderungen	Mindestens erforderliche Leistungen		
		Bauprodukte, ausgenommen lineare Rohrdämmstoffe und Bodenbeläge	lineare Rohrdämmstoffe	Bodenbeläge
	1	2	3	4
1	nichtbrennbar[1,2]	A2 – s1,d0[3]	$A2_L$ – s1,d0[3]	$A2_{fl}$ – s1
2	schwerentflammbar[2] und nicht brennend abfallend oder abtropfend, sowie geringe Rauchentwicklung	C – s1,d0[3]	C_L – s1,d0[3]	–
3	schwerentflammbar[2] und nicht brennend abfallend oder abtropfend	C – s2,d0[3]	C_L – s2,d0[3]	–

	Bauaufsichtliche Anforderungen	Mindestens erforderliche Leistungen		
		Bauprodukte, ausgenommen lineare Rohrdämmstoffe und Bodenbeläge	lineare Rohrdämmstoffe	Bodenbeläge
	1	2	3	4
4	schwerentflammbar[2] und geringe Rauchentwicklung	C – s1,d2[3]	C_L – s1,d2[3]	C_{fl} – s1
5	schwerentflammbar[2]	C – s2,d2[3]	C_L – s2,d2[3]	C_{fl} – s1
6	normalentflammbar und nicht brennend abfallend oder abtropfend	E	E_L	–
7	normalentflammbar	E – d2	E_L – d2	E_{fl}
	[1] soweit erforderlich zusätzlich Schmelzpunkt > 1000 °C	Angabe: Schmelzpunkt von mindestens 1000 °C	Angabe: Schmelzpunkt von mindestens 1000 °C	–
	[2] soweit erforderlich zusätzlich Rohdichte	Angabe: Rohdichte	Angabe: Rohdichte	–
	[3] soweit erforderlich Glimmverhalten	siehe 1.3	siehe 1.3	–

Erläuterungen zu Tabelle 1.2:

Herleitung des Kurzzeichens	Kriterium	Anwendungsbereich
s (Smoke)	Rauchentwicklung	Anforderungen an die Rauchentwicklung – s1: geringe Rauchentwicklung – s2: begrenzte Rauchentwicklung
d (Droplets)	brennendes Abtropfen/ Abfallen	Anforderungen an das brennende Abtropfen/Abfallen – d0: kein brennendes Abtropfen/ Abfallen – d1, d2: brennendes Abtropfen/ Abfallen
fl (Floorings)		Brandverhaltensklasse für Bodenbeläge
L (Linear Pipe Thermal Insulation Products)		Brandverhaltensklasse für lineare Produkte zur Wärmedämmung von Rohren

Tabelle 18: nach Anhang 4, Abschnitt 3.1, Tab. 3.1 MVV TB – **Bedachungen** mit Brandbeanspruchung von außen durch Flugfeuer und strahlende Wärme und Klasse **nach DIN 4102-7:2018-11** – Bauaufsichtliche Anforderung und Klasse nach DIN 4102-7:2018-11

Bauaufsichtliche Anforderung	DIN 4102-7:2018-11
1	2
Brandbeanspruchung von außen durch Flugfeuer und strahlende Wärme (harte Bedachung)	widerstandsfähig gegen Flugfeuer und strahlende Wärme

Tabelle 19: nach Anhang 4, Abschnitt 3.2, Tab. 3.2 MVV TB – **Bedachungen** mit Brandbeanspruchung von außen durch Flugfeuer und strahlende Wärme bei Verwendung von Bauprodukten **nach europäischen harmonisierten Spezifikationen** und mindestens erforderliche Leistungen – Bauaufsichtliche Anforderung und mindestens erforderliche Leistung

Bauaufsichtliche Anforderung	Mindestens erforderliche Leistung
1	2
Brandbeanspruchung von außen durch Flugfeuer und strahlende Wärme (harte Bedachung)	B_{ROOF}(t1)

Tabelle 20: nach Anhang 4, Abschnitt 4.1, Tab. 4.1.1 MVV TB – **Tragende Bauteile** – Bauaufsichtliche Anforderungen und Bemessung **nach Eurocode**

	Bauaufsichtliche Anforderung	Ermittelte Dauer der Standsicherheit im Brandfall in Min. gem. Eurocode[1,**] bei Einwirkung ETK nach DIN EN 1991[1,**]	Zusätzlich zum Eurocode zu beachtende Anwendungsregel für Bauarten unter Verwendung bestimmter Baustoffe***
	1	2	3
1	aus nichtbrennbaren* Baustoffen	nicht erforderlich	DIN 4102-4:2016-05
2	aus normalentflammbaren Baustoffen	nicht erforderlich	DIN 4102-4:2016-05
3	feuerhemmend	≥ 30	DIN 4102-4:2016-05

	Bauaufsichtliche Anforderung	Ermittelte Dauer der Standsicherheit im Brandfall in Min. gem. Eurocode[1,**] bei Einwirkung ETK nach DIN EN 1991[1,**]	Zusätzlich zum Eurocode zu beachtende Anwendungsregel für Bauarten unter Verwendung bestimmter Baustoffe***
	1	2	3
4	feuerhemmend und aus nichtbrennbaren* Baustoffen	≥ 30[2]	DIN 4102-4:2016-05
5	hochfeuerhemmend (tragende Teile brennbar, mit Dämmstoffen nichtbrennbar* und brandschutztechnisch wirksamer Bekleidung von 60 Min. aus nichtbrennbaren* Baustoffen) nach Abschnitt 4 der technischen Regel gemäß lfd. Nr. A 2.2.1.4	≥ 60[3]	A 2.2.1.4
6	hochfeuerhemmend und in den wesentlichen Teilen aus nichtbrennbaren* Baustoffen	≥ 60[2]	DIN 4102-4:2016-05
7	hochfeuerhemmend und aus nichtbrennbaren* Baustoffen	≥ 60[2]	DIN 4102-4:2016-05
8	feuerbeständig (tragende und aussteifende Teile nichtbrennbar*)	≥ 90[2]	DIN 4102-4:2016-05
9	feuerbeständig und aus nichtbrennbaren* Baustoffen	≥ 90[2]	DIN 4102-4:2016-05
10	Feuerwiderstandsfähigkeit 120 Min. und aus nichtbrennbaren* Baustoffen	≥ 120[2]	–
11	Bauteile gemäß A 2.1.3.1, Buchstabe d mit einer Feuerwiderstandsfähigkeit von 60 Min. und aus brennbaren Baustoffen nach Abschnitt 5 der technischen Regel gemäß lfd. Nr. A 2.2.1.4	≥ 60[3,**]	A 2.2.1.4
12	Bauteile gemäß A 2.1.3.1, Buchstabe d mit einer Feuerwiderstandsfähigkeit von 90 Min. und aus brennbaren Baustoffen nach Abschnitt 5 der technischen Regel gemäß lfd. Nr. A 2.2.1.4	≥ 90[3,4**]	A 2.2.1.4

	Bauaufsichtliche Anforderung	**Ermittelte Dauer der Standsicherheit im Brandfall in Min. gem. Eurocode[1,**] bei Einwirkung ETK nach DIN EN 1991[1,**]**	**Zusätzlich zum Eurocode zu beachtende Anwendungsregel für Bauarten unter Verwendung bestimmter Baustoffe*** **
	1	2	3

A Tabelle enthält nur bauaufsichtliche Anforderungen an Bauteile, die auch durch die Eurocodes abgebildet werden.

1 DIN EN 1992-1-2:2010-12, DIN EN 1993-1-2:2010-12, DIN EN 1994-1-2:2010-12, DIN EN 1995-1-2:2010-12, DIN EN 1999-1-2:2010-12, DIN EN 1996-1-2:2011-04, DIN EN 1991-1-2:2010-12, Abschnitt 3.2.1

2 Für DIN EN 1995 nicht zutreffend, da Anforderungen zum Brandverhalten der tragenden Teile nicht eingehalten.

3 Für DIN EN 1992-1-2:2010-12, DIN EN 1993-1-2:2010-12, DIN EN 1994-1-2:2010-12, DIN EN 1999-1-2:2010-12, DIN EN 1996-1-2:2011-04 nicht zutreffend

4 Für DIN EN 1995-1-2:2010-12 wird auf DIN EN 1995-1-1/NA:2010-12, NCI NA.12 hingewiesen.

* Hinsichtlich der Anforderungen gilt Tabelle 1.1.

** Die Bemessung nach Eurocode berücksichtigt das Brandverhalten der Baustoffe nicht.

*** Hinsichtlich der Anforderungen gilt Tabelle 1.1 oder Tabelle 1.2.

Die Anforderung der Tabelle 4.1.1, Spalte 1, ist nur erfüllt, wenn aussteifende Bauteile mit ihren Verbindungen mindestens die gleiche ermittelte Dauer der Standsicherheit im Brandfall aufweisen.

Tabelle 21: nach Anhang 4, Abschnitt 4.1, Tab. 4.1.2 MVV TB – **Tragende Bauteile** – Bauaufsichtliche Anforderungen und Klassen (Tabellenwerte) **nach Eurocode** DIN EN 1992-1-2:2010-12, DIN EN 1994-1-2:2010-12, DIN EN 1996-1-2/NA:2013-06

	Bauaufsichtliche Anforderung	**Klassen nach Eurocode** DIN EN 1992-1-2:2010-12, Abschnitt 5 DIN EN 1994-1-2:2010-12, Abschnitt 4.2 DIN EN 1996-1-2/NA:2013-06, zu Anhang B**	**Zusätzlich zum Eurocode einzuhaltenden Anwendungsregel für Bauarten unter Verwendung bestimmter Baustoffe*** **
	1	**2**	**3**
1	aus nichtbrennbaren* Baustoffen	nicht erforderlich	DIN 4102-4:2016-05
2	feuerhemmend	R 30	DIN 4102-4:2016-05
3	feuerhemmend und aus nichtbrennbaren* Baustoffen	R 30	DIN 4102-4:2016-05
4	hochfeuerhemmend und in den wesentlichen Teilen aus nichtbrennbaren* Baustoffen	R 60	DIN 4102-4:2016-05
5	hochfeuerhemmend und aus nichtbrennbaren* Baustoffen	R 60	DIN 4102-4:2016-05
6	feuerbeständig (tragende und aussteifende Teile nichtbrennbar*)	R 90	DIN 4102-4:2016-05
7	feuerbeständig und aus nichtbrennbaren* Baustoffen	R 90	DIN 4102-4:2016-05
8	Feuerwiderstandsfähigkeit 120 Min. und aus nichtbrennbaren* Baustoffen	R 120	DIN 4102-4:2016-05
	A Tabelle enthält nur bauaufsichtliche Anforderungen an Bauteile, die auch durch die Eurocodes abgebildet werden. * Hinsichtlich der Anforderungen gilt Tabelle 1.1. ** Die Klasse nach Eurocode berücksichtigt das Brandverhalten der Baustoffe nicht. Es gilt Tabelle 1.2. *** Hinsichtlich der Anforderungen gilt Tabelle 1.1 oder Tabelle 1.2.		

Die Anforderungen der 4.1.2, Spalte 1 sind nur erfüllt, wenn die diese Teile tragenden oder aussteifenden Bauteile mindestens die gleiche Feuerwiderstandsfähigkeit aufweisen.

Tabelle 22: nach Anhang 4, Abschnitt 4.2.1, Tab. 4.2.1 MVV TB – **Nichttragende raumabschließende Wände** – Bauaufsichtliche Anforderungen und Klassen (Tabellenwert) **nach Eurocode** DIN EN 1992-1-2:2010-12 und DIN EN 1996-1/NA:2013-06

	Bauaufsichtliche Anforderung	Klassen nach Eurocode** DIN EN 1992-1-2:2010-12, Abschnitt 5 DIN EN 1996-1-2/NA:2013-06, zu Anhang B	Zusätzlich zum Eurocode einzuhaltenden Anwendungsregel für Bauarten unter Verwendung bestimmter Baustoffe***
	1	2	3
1	feuerhemmend	EI 30	DIN 4102-4:2016-05
2	feuerhemmend und aus nichtbrennbaren* Baustoffen	EI 30	DIN 4102-4:2016-05
3	hochfeuerhemmend und in den wesentlichen Teilen aus nichtbrennbaren* Baustoffen	EI 60	DIN 4102-4:2016-05
4	hochfeuerhemmend und aus nichtbrennbaren* Baustoffen	EI 60	DIN 4102-4:2016-05
5	feuerbeständig (tragende und aussteifende Teile nichtbrennbar*)	EI 90	DIN 4102-4:2016-05
6	feuerbeständig und aus nichtbrennbaren* Baustoffen	EI 90	DIN 4102-4:2016-05
7	Feuerwiderstandsfähigkeit 120 Min. und aus nichtbrennbaren* Baustoffen	EI 120	DIN 4102-4:2016-05
	A Tabelle enthält nur bauaufsichtliche Anforderungen an Bauteile, die auch durch die Eurocodes abgebildet werden. * Hinsichtlich der Anforderungen gilt Tabelle 1.1. ** Die Klasse nach Eurocode berücksichtigt das Brandverhalten der Baustoffe nicht. Es gilt Tabelle 1.2. *** Hinsichtlich der Anforderungen gilt Tabelle 1.1 oder Tabelle 1.2.		

Die Anforderung der Tabelle 4.2.1, Spalte 1, ist nur erfüllt, wenn anschließende Bauteile mindestens die gleiche Feuerwiderstandsfähigkeit aufweisen. Die Übergänge zu diesen Bauteilen dürfen den Raumabschluss nach lfd. Nr. A 2.1.3.3 nicht beeinträchtigen.

Tabelle 23: nach Anhang 4, Abschnitt 4.2.2, Tab. 4.2.2 MVV TB – **Tragende raumabschließende Wände** – Bauaufsichtliche Anforderungen und Klassen (Tabellenwerte) **nach Eurocode** DIN EN 1992-1-2:2010-12 und DIN EN 1996-1-2/ NA:2013-06

	Bauaufsichtliche Anforderung	**Klassen nach Eurocode** DIN EN 1992-1-2:2010-12, Abschnitt 5 DIN EN 1996-1-2/ NA:2013-06, zu Anhang B bei einseitiger Brandbeanspruchung**	**Zusätzlich zum Eurocode einzuhaltenden Anwendungsregel für Bauarten unter Verwendung bestimmter Baustoffe*** **
	1	**2**	**3**
1	feuerhemmend	REI 30	DIN 4102-4:2016-05
2	feuerhemmend und aus nichtbrennbaren* Baustoffen	REI 30	DIN 4102-4:2016-05
3	hochfeuerhemmend und in den wesentlichen Teilen aus nichtbrennbaren* Baustoffen	REI 60	DIN 4102-4:2016-05
4	hochfeuerhemmend und aus nichtbrennbaren* Baustoffen	REI 60	DIN 4102-4:2016-05
5	feuerbeständig (tragende und aussteifende Teile nichtbrennbar*)	REI 90	DIN 4102-4:2016-05
6	feuerbeständig und aus nichtbrennbaren* Baustoffen	REI 90	DIN 4102-4:2016-05
7	Brandwand (feuerbeständig und aus nichtbrennbaren* Baustoffen)	REI 90 und Kriterium M	DIN 4102-4:2016-05
		REI-M 90	DIN 4102-4:2016-05
8	Wand anstelle einer Brandwand (hochfeuerhemmend und aus nichtbrennbaren* Baustoffen auch unter zusätzlicher mechanischer Beanspruchung standsicher)	REI 60 und Kriterium M	DIN 4102-4:2016-05
		REI-M 60	DIN 4102-4:2016-05
9	Feuerwiderstandsfähigkeit 120 Min. und aus nichtbrennbaren* Baustoffen	REI 120	DIN 4102-4:2016-05
10	Feuerwiderstandsfähigkeit 120 Min. und aus nichtbrennbaren* Baustoffen auch unter zusätzlicher mechanischer Beanspruchung standsicher	REI 120 und Kriterium M	DIN 4102-4:2016-05
		REI-M 120	DIN 4102-4:2016-05

	Bauaufsichtliche Anforderung	Klassen nach Eurocode** DIN EN 1992-1-2:2010-12, Abschnitt 5 DIN EN 1996-1-2/ NA:2013-06, zu Anhang B bei einseitiger Brandbeanspruchung	Zusätzlich zum Eurocode einzuhaltenden Anwendungsregel für Bauarten unter Verwendung bestimmter Baustoffe***
	1	2	3

A Tabelle enthält nur bauaufsichtliche Anforderungen an Bauteile, die auch durch die Eurocodes abgebildet werden.

* Hinsichtlich der Anforderungen gilt Tabelle 1.1.

** Die Klasse nach Eurocode berücksichtigt das Brandverhalten der Baustoffe nicht. Es gilt Tabelle 1.2.

*** Hinsichtlich der Anforderungen gilt Tabelle 1.1 oder Tabelle 1.2.

Tabelle 24: nach Anhang 4, Abschnitt 4.2.3, Tab. 4.2.3 MVV TB – **Tragende raumabschließende Decken** – Bauaufsichtliche Anforderungen und Klassen (Tabellenwerte) **nach Eurocode**

	Bauaufsichtliche Anforderung	Klassen nach Eurocode** DIN EN 1992-1-2:2010-12, Abschnitt 5 oder DIN EN 1994-1-2:2010-12, Abschnitt 4.3	Zusätzlich zum Eurocode einzuhaltenden Anwendungsregel für Bauarten unter Verwendung bestimmter Baustoffe***
	1	2	3
1	feuerhemmend	REI 30	DIN 4102-4:2016-05
2	feuerhemmend und aus nichtbrennbaren* Baustoffen	REI 30	DIN 4102-4:2016-05
3	hochfeuerhemmend und in den wesentlichen Teilen aus nichtbrennbaren* Baustoffen	REI 60	DIN 4102-4:2016-05
4	hochfeuerhemmend und aus nichtbrennbaren* Baustoffen	REI 60	DIN 4102-4:2016-05
5	feuerbeständig (tragende und aussteifende Teile nichtbrennbar*)	REI 90	DIN 4102-4:2016-05
6	feuerbeständig und aus nichtbrennbaren* Baustoffen	REI 90	DIN 4102-4:2016-05

	Bauaufsichtliche Anforderung	Klassen nach Eurocode** DIN EN 1992-1-2:2010-12, Abschnitt 5 oder DIN EN 1994-1-2:2010-12, Abschnitt 4.3	Zusätzlich zum Eurocode einzuhaltenden Anwendungsregel für Bauarten unter Verwendung bestimmter Baustoffe***
	1	2	3
7	Feuerwiderstandsfähigkeit 120 Min. und aus nichtbrennbaren* Baustoffen	REI 120	DIN 4102-4:2016-05
	A Tabelle enthält nur bauaufsichtliche Anforderungen an Bauteile, die auch durch die Eurocodes abgebildet werden. * Hinsichtlich der Anforderungen gilt Tabelle 1.1. ** Die Klasse nach Eurocode berücksichtigt das Brandverhalten der Baustoffe nicht. Es gilt Tabelle 1.2. *** Hinsichtlich der Anforderungen gilt Tabelle 1.1 oder Tabelle 1.2.		

Bei Decken ist der Nachweis gemäß Tabelle 4.2.3, Spalte 2 auch für Brandeinwirkung von der Oberseite (Brand von oben nach unten) entsprechend der Anforderung in A 2.1.8 zu führen.

Die Anforderung der Tabelle 4.2.3, Spalte 1, ist nur erfüllt, wenn anschließende Bauteile mindestens die gleiche Feuerwiderstandsfähigkeit aufweisen. Die Übergänge zu diesen Bauteilen dürfen den Raumabschluss nach lfd. Nr. A 2.1.3.3 nicht beeinträchtigen.

Tabelle 25: nach Anhang 4, Abschnitt 4.2.4, Tab. 4.2.4 MVV TB – Tragende Bauteile, raumabschließende Decken, Brandwände und Wände anstelle von Brandwänden, Trennwänden, Wänden notwendiger Treppenräume und Fluren, Wände von offenen Gängen, Außenwände, selbstständige Unterdecken, Dächer, Treppen, Systemböden – Bauaufsichtliche Anforderungen und Klassen nach DIN 4102-2:1977-09

	Bauaufsichtliche Anforderung	Mindestens erforderliche Klassen nach DIN 4102-2:1977-09	Kurzbezeichnung nach DIN 4102-2:1977-09
	1	2	3
1	aus nichtbrennbaren* Baustoffen	Keine Angabe der Klasse erforderlich. Es gilt Tabelle 1.1.	
2	aus schwerentflammbaren Baustoffen		

	Bauaufsichtliche Anforderung	Mindestens erforderliche Klassen nach DIN 4102-2:1977-09	Kurzbezeichnung nach DIN 4102-2:1977-09
	1	2	3
3	aus schwerentflammbaren Baustoffen nicht brennend abfallend oder abtropfend	Keine Angabe der Klasse erforderlich. Es gilt Tabelle 1.1.	
4	aus normalentflammbaren Baustoffen		
5	feuerhemmend	Feuerwiderstandsklasse F 30	F 30-B[1]
6	feuerhemmend und aus nichtbrennbaren* Baustoffen	Feuerwiderstandsklasse F 30 und aus nichtbrennbaren Baustoffen	F 30-A[1]
7	hochfeuerhemmend und in den wesentlichen Teilen aus nichtbrennbaren Baustoffen**	Feuerwiderstandsklasse F 60 und in den wesentlichen Teilen aus nichtbrennbaren Baustoffen	F 60-AB[2,3]
8	hochfeuerhemmend (tragende Teile brennbar, mit Dämmstoffen nichtbrennbar* und brandschutztechnisch wirksamer Bekleidung von 60 Min. aus nichtbrennbaren* Baustoffen) nach Abschnitt 4 der technischen Regel gemäß lfd. Nr. A 2.2.1.4[6]	hochfeuerhemmend (tragende Teile brennbar, mit Dämmstoffen nichtbrennbar und brandschutztechnisch wirksamer Bekleidung von 60 Min. aus nichtbrennbaren Baustoffen) nach Abschnitt 4 der technischen Regel gemäß lfd. Nr. A 2.2.1.4	–
9	hochfeuerhemmend und aus nichtbrennbaren* Baustoffen	Feuerwiderstandsklasse F 60 und aus nichtbrennbaren Baustoffen	F 60-A[2,3]
10	feuerbeständig (tragende und aussteifende Teile nicht brennbar*)**	Feuerwiderstandsklasse F 90 und in den wesentlichen Teilen aus nichtbrennbaren Baustoffen	F 90-AB[4,5]
11	feuerbeständig und aus nichtbrennbaren* Baustoffen	Feuerwiderstandsklasse F 90 und aus nichtbrennbaren Baustoffen	F 90-A[4,5]
12	Brandwand (auch unter zusätzlicher mechanischer Beanspruchung feuerbeständig und aus nichtbrennbaren* Baustoffen)	Brandwand	–
13	Wand in der Bauart von Brandwänden (feuerbeständig und aus nichtbrennbaren* Baustoffen)	Wand in der Bauart von Brandwänden (feuerbeständig und aus nichtbrennbaren* Baustoffen)	–

	Bauaufsichtliche Anforderung	Mindestens erforderliche Klassen nach DIN 4102-2:1977-09	Kurzbezeichnung nach DIN 4102-2:1977-09
	1	2	3
14	Wand anstelle einer Brandwand hochfeuerhemmend (tragende Teile brennbar, mit Dämmstoffen nichtbrennbar* und brandschutztechnisch wirksamer Bekleidung von 60 Min. aus nichtbrennbaren* Baustoffen) nach Abschnitt 4 der technischen Regel gemäß lfd. Nr. A 2.2.1.4[6]	Wand anstelle einer Brandwand hochfeuerhemmend (tragende Teile brennbar, mit Dämmstoffen nichtbrennbar und brandschutztechnisch wirksamer Bekleidung von 60 Min. aus nichtbrennbaren Baustoffen) nach Abschnitt 4 der technischen Regel gemäß lfd. Nr. A 2.2.1.4	–
15	Wand anstelle einer Brandwand hochfeuerhemmend und aus nichtbrennbaren* Baustoffen auch unter zusätzlicher mechanischer Beanspruchung standsicher	Wand anstelle einer Brandwand hochfeuerhemmend und aus nichtbrennbaren Baustoffen auch unter zusätzlicher mechanischer Beanspruchung standsicher	–
16	Wand anstelle einer Brandwand hochfeuerhemmend und in den wesentlichen Teilen aus nichtbrennbaren** Baustoffen auch unter zusätzlicher mechanischer Beanspruchung standsicher	Wand anstelle einer Brandwand hochfeuerhemmend und in den wesentlichen Teilen aus nichtbrennbaren Baustoffen auch unter zusätzlicher mechanischer Beanspruchung standsicher	–
17	Gebäudeabschlusswände, die jeweils von innen nach außen die Feuerwiderstandsfähigkeit der tragenden und aussteifenden Teile des Gebäudes, mindestens jedoch feuerhemmende Bauteile, und von außen nach innen die Feuerwiderstandsfähigkeit feuerbeständiger Bauteile haben	Gebäudeabschlusswände, die jeweils von innen nach außen die Feuerwiderstandsfähigkeit der tragenden und aussteifenden Teile des Gebäudes, mindestens jedoch feuerhemmende Bauteile, und von außen nach innen die Feuerwiderstandsfähigkeit feuerbeständiger Bauteile haben	F 30-B (von innen) und F 90-B (von außen)
18	Feuerwiderstandsfähigkeit 120 Min. und aus nichtbrennbaren Baustoffen	Feuerwiderstandsklasse F 120 und aus nichtbrennbaren Baustoffen	F 120-A
19	Feuerwiderstandsfähigkeit 120 Min. und aus nichtbrennbaren* Baustoffen auch unter zusätzlicher mechanischer Beanspruchung standsicher	Brandwand mit einer höheren Feuerwiderstandsdauer von 120 min	–

	Bauaufsichtliche Anforderung	**Mindestens erforderliche Klassen nach DIN 4102-2:1977-09**	**Kurzbezeichnung nach DIN 4102-2:1977-09**
	1	**2**	**3**
20	Bauteile gemäß A 2.1.3.1, Buchstabe d mit einer Feuerwiderstandsfähigkeit von 90 Min. und aus brennbaren Baustoffen nach Abschnitt 5 der technischen Regel gemäß lfd. Nr. A 2.2.1.4[6]	Bauteile gemäß A 2.1.3.1, Buchstabe d mit einer Feuerwiderstandsfähigkeit von 90 Min. und aus brennbaren Baustoffen nach Abschnitt 5 der technischen Regel gemäß lfd. Nr. A 2.2.1.4[7]	F 90-B
21	Bauteile gemäß A 2.1.3.1, Buchstabe d mit einer Feuerwiderstandsfähigkeit von 60 Min. und aus brennbaren Baustoffen nach Abschnitt 5 der technischen Regel gemäß lfd. Nr. A 2.2.1.4[6]	Bauteile gemäß A 2.1.3.1, Buchstabe d mit einer Feuerwiderstandsfähigkeit von 60 Min. und aus brennbaren Baustoffen nach Abschnitt 5 der technischen Regel gemäß lfd. Nr. A 2.2.1.4[7]	F 60-B
22	Bauteile gemäß A 2.1.3.1, Buchstabe d als Wand anstelle einer Brandwand (auch unter zusätzlicher mechanischer Beanspruchung mit einer Feuerwiderstandsfähigkeit von 60 Min. und aus brennbaren Baustoffen) nach Abschnitt 5 der technischen Regel gemäß lfd. Nr. A 2.2.1.4[6]	Wand anstelle einer Brandwand (auch unter zusätzlicher mechanischer Beanspruchung Feuerwiderstandsfähigkeit von 60 Min. und aus brennbaren Baustoffen) nach Abschnitt 5 der technischen Regel gemäß lfd. Nr. A 2.2.1.4[7]	–

1 Bei nichttragenden Außenwänden auch W 30 zulässig.

2 Der Nachweis und die Zuordnung erfolgen nach Tabelle 4.3.1.

3 Bei nichttragenden Außenwänden auch W 60 zulässig.

4 Bei nichttragenden Außenwänden auch W 90 zulässig.

5 Tragende Bauteile müssen nach DIN 4102-2:1977-09, Abschnitt 6.2.2.6, unter entsprechender Last geprüft sein.

6 Eine Bauartgenehmigung nach § 16a MBO ist erforderlich.

7 Es ist eine Bekleidung aus nichtbrennbaren Baustoffen nach der technischen Regel gemäß lfd. Nr. A 2.2.1.4 erforderlich, soweit nicht in Abschnitt 5.2 der technischen Regel gemäß lfd. Nr. A 2.2.1.4 Erleichterungen gestattet sind.

* Hinsichtlich der Anforderungen gilt Tabelle 1.1.

** In Bauteilebene durchgehende Schicht aus nichtbrennbaren Baustoffen.

Die Anforderung der Tabelle 4.2.4, Spalte 1, ist nur erfüllt, wenn anschließende Bauteile mindestens die gleiche Feuerwiderstandsfähigkeit aufweisen. Die

Übergänge zu diesen Bauteilen dürfen den ggf. erforderlichen Raumabschluss nach lfd. Nr. A 2.1.3.3 nicht beeinträchtigen.

Tabelle 26: nach Anhang 4, Abschnitt 4.3.1, Tab. 4.3.1 MVV TB – Anforderungen zur Feuerwiderstandsfähigkeit einschließlich Brandverhalten bei Verwendung von Bauprodukten nach harmonisierten technischen Spezifikationen[24] für **tragende sowie tragende und raumabschließende Bauteile** und mindestens erforderliche Leistungen – Bauaufsichtliche Anforderungen und mindestens erforderliche Leistungen

	Bauaufsichtliche Anforderung	Mindestens erforderliche Leistungen		
		Feuerwiderstandsfähigkeit		Brandverhalten
		ohne Raumabschluss[1]	mit Raumabschluss	
	1	2	3	4
1	aus nichtbrennbaren* Baustoffen	–	–	A2 – s1,d0**
2	aus schwerentflammbaren* Baustoffen	–	–	C – s2,d2**
3	aus normalentflammbaren* Baustoffen	–	–	E – d2
4	feuerhemmend	R 30	REI 30	E – d2
5	feuerhemmend mit einseitiger[2] Bekleidung aus nichtbrennbaren* Baustoffen	–	REI 30	nichtbrennbare* Bekleidung: A2 – s1,d0**; im Übrigen: E – d2
6	feuerhemmend und aus nichtbrennbaren* Baustoffen	R 30	REI 30	A2 – s1,d0**
7	hochfeuerhemmend (tragende Teile brennbar, Dämmstoffe nichtbrennbar* und brandschutztechnisch wirksamer Bekleidung von 60 Min. aus nichtbrennbaren* Baustoffen) nach Abschnitt 4 der technischen Regel gemäß lfd. Nr. A 2.2.1.4[3]	R 60 brandschutztechnisch wirksame Bekleidung: $K_2 60$	REI 60 brandschutztechnisch wirksame Bekleidung: $K_2 60$	Dämmstoffe, brandschutztechnisch wirksame Bekleidung: A2 – s1,d0**; im Übrigen: E – d2
8	hochfeuerhemmend und aus nichtbrennbaren* Baustoffen	R 60	REI 60	A2 – s1,d0**

	Bauaufsichtliche Anforderung	Mindestens erforderliche Leistungen		
		Feuerwiderstandsfähigkeit		Brandverhalten
		ohne Raumabschluss[1]	mit Raumabschluss	
	1	2	3	4
9	hochfeuerhemmend und in den wesentlichen Teilen aus nichtbrennbaren* Baustoffen[4]	R 60	REI 60[2]	wesentliche Teile: A2 – s1,d0** im Übrigen: E – d2
10	Wand anstelle einer Brandwand hochfeuerhemmend (aus nichtbrennbaren* Baustoffen auch unter zusätzlicher mechanischer Beanspruchung standsicher)	–	REI 60-M	A2 – s1,d0**
11	Wand anstelle einer Brandwand hochfeuerhemmend und in den wesentlichen Teilen aus nichtbrennbaren* Baustoffen auch unter zusätzlicher mechanischer Beanspruchung standsicher	–	REI 60-M	wesentliche Teile: A2 – s1,d0** im Übrigen: E – d2
12	Wand anstelle einer Brandwand hochfeuerhemmend (tragende Teile brennbar, Dämmstoffe nichtbrennbar* mit brandschutztechnisch wirksamer Bekleidung von 60 Min. aus nichtbrennbaren* Baustoffen auch unter zusätzlicher mechanischer Beanspruchung standsicher) nach Abschnitt 4 der technischen Regel gemäß lfd. Nr. A 2.2.1.4[3]	–	REI 60-M brandschutztechnisch wirksame Bekleidung: $K_2 60$	tragende und aussteifende Teile: E im Übrigen A2 – s1,d0**

	Bauaufsichtliche Anforderung	Mindestens erforderliche Leistungen		
		Feuerwiderstandsfähigkeit		Brandverhalten
		ohne Raumabschluss[1]	mit Raumabschluss	
	1	2	3	4
13	Bauteile gemäß A 2.1.3.1, Buchstabe d mit einer Feuerwiderstandsfähigkeit von 60 Min. und aus brennbaren Baustoffen, nach Abschnitt 5 der technischen Regel gemäß lfd. Nr. A 2.2.1.4[3], mit raumseitiger brandschutztechnisch wirksamer Bekleidung von 30 Min. aus nichtbrennbaren* Baustoffen nach Abschnitt 5.2 der technischen Regel gemäß lfd. Nr. A 2.2.1.4[3], und mit einseitiger Bekleidung aus nichtbrennbaren* Baustoffen gemäß § 35 Abs. 5 MBO i. V. m. A 2.1.12, auch unter zusätzlicher mechanischer Beanspruchung standsicher (Treppenraumwand)	–	REI 60-M brandschutztechnisch wirksame Bekleidung: $K_2 30$	brandschutztechnisch wirksame Bekleidung, nichtbrennbare* Bekleidung A2 – s1,d0**; im Übrigen: E – d2
14	feuerbeständig (tragende und aussteifende Teile nicht brennbar*)[4]	R 90	REI 90[2]	A2 – s1,d0**; im Übrigen: E – d2
15	feuerbeständig und aus nichtbrennbaren* Baustoffen	R 90	REI 90	A2 – s1,d0**
16	Feuerwiderstandsfähigkeit 120 Min. und aus nichtbrennbaren* Baustoffen	R 120	REI 120	A2 – s1,d0**
17	Feuerwiderstandsfähigkeit 120 Min. und aus nichtbrennbaren* Baustoffen auch unter zusätzlicher mechanischer Beanspruchung standsicher	–	REI 120-M[4]	A2 – s1,d0**

	Bauaufsichtliche Anforderung	Mindestens erforderliche Leistungen		
		Feuerwiderstandsfähigkeit		Brandverhalten
		ohne Raumabschluss[1]	mit Raumabschluss	
	1	2	3	4
18	Bauteile gemäß A 2.1.3.1, Buchstabe d mit einer Feuerwiderstandsfähigkeit von 60 Min. oder 90 Min. und aus brennbaren Baustoffen, nach Abschnitt 5 der technischen Regel gemäß lfd. Nr. A 2.2.1.4[3]	R 60 oder R 90	–	E – d2
19	Bauteile gemäß A 2.1.3.1, Buchstabe d mit einer Feuerwiderstandsfähigkeit von 60 Min. oder 90 Min. und aus brennbaren Baustoffen nach Abschnitt 5 der technischen Regel gemäß lfd. Nr. A 2.2.1.4[3], und brandschutztechnisch wirksamer Bekleidung aus nichtbrennbaren* Baustoffen nach Abschnitt 5.2 der technischen Regel gemäß lfd. Nr. A 2.2.1.4[3]	R 60 oder R 90	REI 60 oder REI 90 brandschutztechnisch wirksame Bekleidung: $K_2 30$	brandschutztechnisch wirksame Bekleidung: A2 – s1,d0**; im Übrigen: E – d2
20	Bauteile gemäß A 2.1.3.1, Buchstabe d mit einer Feuerwiderstandsfähigkeit von 30 Min. oder 90 Min. und aus brennbaren Baustoffen nach Abschnitt 5 der technischen Regel gemäß lfd. Nr. A 2.2.1.4[3], und mit einseitiger Bekleidung aus nichtbrennbaren* Baustoffen gemäß § 36 Abs. 6 MBO i. V. m. A 2.1.12 (Flurwand)	–	REI 30 oder REI 90	nichtbrennbare* Bekleidung: A2 – s1,d0**; im Übrigen: E – d2

	Bauaufsichtliche Anforderung	Mindestens erforderliche Leistungen		
		Feuerwiderstandsfähigkeit		Brandverhalten
		ohne Raumabschluss[1]	mit Raumabschluss	
	1	2	3	4
21	Bauteile gemäß A 2.1.3.1, Buchstabe d mit einer Feuerwiderstandsfähigkeit von 30 Min. oder 90 Min. und aus brennbaren Baustoffen nach Abschnitt 5 der technischen Regel gemäß lfd. Nr. A 2.2.1.4[3], und brandschutztechnisch wirksamer Bekleidung aus nichtbrennbaren* Baustoffen nach Abschnitt 5.2 der technischen Regel gemäß lfd. Nr. A 2.2.1.4[3], und mit einseitiger Bekleidung aus nichtbrennbaren* Baustoffen gemäß § 36 Abs. 6 MBO i. V. m. A 2.1.12 (Flurwand)	–	REI 30 oder REI 90 brandschutztechnisch wirksame Bekleidung: $K_2 30$	brandschutztechnisch wirksame Bekleidung, nichtbrennbare* Bekleidung: A2 – s1,d0**; im Übrigen: E – d2
22	Brandwand***	–	REI 90-M	A2 – s1,d0**
23	Wand in der Bauart von Brandwänden (auch unter zusätzlicher mechanischer Beanspruchung feuerbeständig und aus nichtbrennbaren* Baustoffen)	–	REI 90-M	A2 – s1,d0**
24	Bauteile gemäß A 2.1.3.1, Buchstabe d als Wand anstelle einer Brandwand (auch unter zusätzlicher mechanischer Beanspruchung mit einer Feuerwiderstandsfähigkeit von 60 Min. und aus brennbaren Baustoffen nach Abschnitt 5 der technischen Regel gemäß lfd. Nr. A 2.2.1.4[3]) mit brandschutztechnisch wirksamer Bekleidung aus nichtbrennbaren Baustoffen, nach Abschnitt 5.2 der technischen Regel gemäß lfd. Nr. A 2.2.1.4[3]	–	REI 60-M brandschutztechnisch wirksame Bekleidung: $K_2 30$	brandschutztechnisch wirksame Bekleidung: A2 – s1,d0**; im Übrigen: E – d2

	Bauaufsichtliche Anforderung	Mindestens erforderliche Leistungen		
		Feuerwiderstandsfähigkeit		Brandverhalten
		ohne Raum-abschluss[1]	mit Raum-abschluss	
	1	2	3	4
	1 Für die mit reaktiven Brandschutzsystemen beschichteten Stahlbauteile ist die Angabe IncSlow gemäß DIN EN 13501-2:2010-02 in der Leistungserklärung zusätzlich zu nennen. 2 gemäß § 35, Abs. 5; § 36, Abs. 6 und § 39 Abs. 2 MBO i. V. m. A 2.1.12 3 Für Bauteile gemäß A 2.1.3.1, Buchstabe d in Standardgebäuden der Gebäudeklassen 4 und 5 gilt für die Bemessung und Verwendung die technische Regel gemäß lfd. Nr. A 2.2.1.4 4 Eine in Bauteilebene durchgehende, nichtbrennbare Schicht: A2 – s1,d0** * Hinsichtlich der Anforderungen gilt Tabelle 1.1. ** Soweit erforderlich gilt Abschnitt 1.3. *** Die Brandwand muss aus nichtbrennbaren Baustoffen bestehen.			

[24] Ausgenommen Bauteile nach B 2.2.1.6 aus Bauprodukten nach harmonisierten technischen Spezifikationen.

Die Anforderung der Tabelle 4.3.1, Spalte 1, ist nur erfüllt, wenn anschließende Bauteile mindestens die gleiche Feuerwiderstandsfähigkeit aufweisen.

Liegen die Voraussetzungen nach der technischen Regel gemäß lfd. Nr. A 2.2.1.4 gemäß der Tabelle 4.3.1, Fußnote 2, nicht vor, ist in Ermangelung einer allgemein anerkannten Regel der Technik für die Planung, Bemessung und Ausführung unter Verwendung von o. g. Bauprodukten ein Nachweis gemäß § 16a MBO [2] erforderlich.

Tabelle 27: nach Anhang 4, Abschnitt 4.3.2, Tab. 4.3.2 MVV TB – Anforderungen zur Feuerwiderstandsfähigkeit einschließlich Brandverhalten bei Verwendung von Bauprodukten nach harmonisierten technischen Spezifikationen für **nichttragende Wände, nichttragende Trennwände oder Wände notwendiger Flure, Wände offener Gänge** und mindestens erforderliche Leistungen – Bauaufsichtliche Anforderungen und mindestens erforderliche Leistungen

	Bauaufsichtliche Anforderung	Mindestens erforderliche Leistungen	
		Feuerwiderstandsfähigkeit	Brandverhalten
	1	2	3
1	aus normalentflammbaren Baustoffen	–	E – d2
2	aus normalentflammbaren Baustoffen mit brandschutztechnisch wirksamer Bekleidung von 30 Min. aus nichtbrennbaren* Baustoffen, nach Abschnitt 5.2 der technischen Regel gemäß lfd. Nr. A 2.2.1.4	–	brandschutztechnisch wirksame Bekleidung: A2 – s1,d0**, im Übrigen: E – d2
3	feuerhemmend	EI 30	E – d2
4	feuerhemmend mit einseitiger[1] Bekleidung aus nichtbrennbaren* Baustoffen	EI 30	nichtbrennbare* Bekleidung: A2 – s1,d0**; im Übrigen: E – d2
5	feuerhemmend und aus nichtbrennbaren* Baustoffen	EI 30	A2 – s1,d0**
6	hochfeuerhemmend (tragende Teile brennbar, Dämmstoffe nichtbrennbar* mit brandschutztechnisch wirksamer Bekleidung von 60 Min. aus nichtbrennbaren* Baustoffen)[2] nach Abschnitt 4 der technischen Regel gemäß lfd. Nr. A 2.2.1.4[3]	EI 60- Beidseitig: $K_2$60	Dämmstoffe und brandschutztechnisch wirksame Bekleidung: A2 – s1,d0**, im Übrigen: E – d2
7	hochfeuerhemmend und aus nichtbrennbaren* Baustoffen	EI 60	A2 – s1,d0**
8	hochfeuerhemmend und in den wesentlichen Teilen aus nichtbrennbaren* Baustoffen (tragende und aussteifende Teile nichtbrennbar)[2,4]	EI 60	wesentliche Teile: A2 – s1,d0**, im Übrigen: E – d2
9	feuerbeständig (tragende und aussteifende Teile nicht brennbar*)[2,4]	EI 90	A2 – s1,d0**, im Übrigen E – d2

	Bauaufsichtliche Anforderung	Mindestens erforderliche Leistungen	
		Feuerwiderstandsfähigkeit	Brandverhalten
	1	2	3
10	feuerbeständig und aus nichtbrennbaren* Baustoffen	EI 90	A2 – s1,d0**
11	Feuerwiderstandsfähigkeit 120 Min. und aus nichtbrennbaren* Baustoffen	EI 120	A2 – s1,d0**
12	Bauteile gemäß A 2.1.3.1, Buchstabe d mit einer Feuerwiderstandsfähigkeit von 60 Min. oder 90 Min. und aus brennbaren Baustoffen nach Abschnitt 5 der technischen Regel gemäß lfd. Nr. A 2.2.1.4[3], mit brandschutztechnisch wirksamer Bekleidung von 30 Min. aus nichtbrennbaren* Baustoffen, nach Abschnitt 5.2 der technischen Regel gemäß lfd. Nr. A 2.2.1.4[3]	EI 60 oder EI 90 brandschutztechnisch wirksame Bekleidung: $K_2 30$	brandschutztechnisch wirksame Bekleidung, nichtbrennbare Bekleidung: A2 – s1,d0**; im Übrigen: E – d2
13	Bauteile gemäß A 2.1.3.1, Buchstabe d mit einer Feuerwiderstandsfähigkeit von 30 Min. oder 90 Min. und aus brennbaren Baustoffen nach Abschnitt 5 der technischen Regel gemäß lfd. Nr. A 2.2.1.4[3] und mit einseitiger Bekleidung aus nichtbrennbaren* Baustoffen gemäß § 36 Abs. 6 MBO i. V. m. A 2.1.12 (Flurwand, offener Gang)	EI 30 oder EI 90	nichtbrennbare* Bekleidung: A2 – s1,d0**; im Übrigen: E – d2
14	Bauteile gemäß A 2.1.3.1, Buchstabe d mit einer Feuerwiderstandsfähigkeit von 30 Min. oder 90 Min. und aus brennbaren Baustoffen nach Abschnitt 5 der technischen Regel gemäß lfd. Nr. A 2.2.1.4[3], und brandschutztechnisch wirksamer Bekleidung aus nichtbrennbaren* Baustoffen nach Abschnitt 5.2 der technischen Regel gemäß lfd. Nr. A 2.2.1.4[3], und mit einseitiger Bekleidung aus nichtbrennbaren* Baustoffen gemäß § 36 Abs. 6 MBO i. V. m. A 2.1.12 (Flurwand, offener Gang)	EI 30 oder EI 90 brandschutztechnisch wirksame Bekleidung: $K_2 30$	brandschutztechnisch wirksame Bekleidung, nichtbrennbare* Bekleidung: A2 – s1,d0**; im Übrigen: E – d2

	Bauaufsichtliche Anforderung	Mindestens erforderliche Leistungen	
		Feuerwiderstandsfähigkeit	Brandverhalten
	1	2	3
	1 gemäß § 35, Abs. 5; § 36, Abs. 6 und § 39 Abs. 2 MBO i. V. m. A 2.1.12 und A 2.1.13 2 Teile innerhalb des Bauteils zur Gewährleistung der Standsicherheit (Eigengewicht) und Gebrauchstauglichkeit. 3 Für Bauteile gemäß A 2.1.3.1, Buchstabe d in Standardgebäuden der Gebäudeklassen 4 und 5 gilt für die Bemessung und Verwendung die technische Regel gemäß lfd. Nr. A 2.2.1.4 4 Eine in Bauteilebene durchgehende, nichtbrennbare Schicht: A2 – s1,d0**. * Hinsichtlich der Anforderungen gilt Tabelle 1.1. ** Soweit erforderlich gilt Abschnitt 1.3.		

Tabelle 28: nach Anhang 4, Abschnitt 4.3.3, Tab. 4.3.3 MVV TB – Anforderungen zur Feuerwiderstandsfähigkeit einschließlich Brandverhalten bei Verwendung von Bauprodukten nach harmonisierten technischen Spezifikationen für **nichttragende Außenwände (mit Raumabschluss)** und mindestens erforderliche Leistungen – Bauaufsichtliche Anforderungen und mindestens erforderliche Leistungen

	Bauaufsichtliche Anforderung	Mindestens erforderliche Leistungen	
		Feuerwiderstandsfähigkeit	Brandverhalten
	1	2	3
1	aus nichtbrennbaren* Baustoffen	–	A2 – s1,d0**
2	aus schwerentflammbaren Baustoffen	–	C – s2,d2**
3	aus schwerentflammbaren Baustoffen nicht brennend abfallend oder abtropfend	–	C – s2,d0**
4	aus normalentflammbaren Baustoffen	–	E – d2
5	feuerhemmend	von innen nach außen: E 30 (i→o) und von außen nach innen: EI 30-ef (i←o)	E – d2
6	feuerhemmend mit einseitiger Bekleidung aus nichtbrennbaren* Baustoffen gemäß § 36 Abs. 6[1] MBO i. V. m. A 2.1.12	EI 30	nichtbrennbare Bekleidung: A2 – s1,d0**; im Übrigen: E – d2

	Bauaufsichtliche Anforderung	Mindestens erforderliche Leistungen	
		Feuerwiderstandsfähigkeit	Brandverhalten
	1	2	3
7	feuerhemmend mit einseitiger Bekleidung aus nichtbrennbaren* Baustoffen gemäß § 35 Abs. 5[1] und § 39 Abs. 2 MBO i. V. m. A 2.1.12 und A 2.1.13	von innen nach außen: E 30 (i→o) und von außen nach innen: EI 30-ef (i←o)	nichtbrennbare* Bekleidung: A2 – s1,d0**; im Übrigen: E – d2
8	feuerhemmend mit einer brandschutztechnisch wirksamen Bekleidung von 30 Min. aus nichtbrennbaren* Baustoffen nach Abschnitt 5.2 der technischen Regel gemäß lfd. Nr. A 2.2.1.4	von innen nach außen: E 30 (i→o) und von außen nach innen: EI 30-ef (i←o) brandschutztechnisch wirksamen Bekleidung: $K_2 30$	nichtbrennbare* Bekleidung: A2 – s1,d0**; im Übrigen: E – d2
9	feuerhemmend mit einer brandschutztechnisch wirksamen Bekleidung von 30 Min. aus nichtbrennbaren* Baustoffen nach Abschnitt 5.2 der technischen Regel gemäß lfd. Nr. A 2.2.1.4, und mit einseitiger Bekleidung aus nichtbrennbaren* Baustoffen gemäß § 36 Abs. 6 MBO i. V. m. A 2.1.12 (offener Gang)	EI 30 brandschutztechnisch wirksame Bekleidung: $K_2 30$	brandschutztechnisch wirksame Bekleidung, nichtbrennbare* Bekleidung: A2 – s1,d0**; im Übrigen: E – d2
10	feuerhemmend und aus nichtbrennbaren* Baustoffen	von innen nach außen: E 30 (i→o) und von außen nach innen: EI 30-ef (i←o)	A2 – s1,d0**
11	feuerbeständig (tragende und aussteifende Teile nichtbrennbar*)[2, 3]	von innen nach außen: EI 90 (i→o) und von außen nach innen: EI 90-ef (i←o)	wesentliche Teile: A2 – s1,d0**, im Übrigen: E – d2
12	feuerbeständig und aus nichtbrennbaren* Baustoffen	von innen nach außen: EI 90 (i→o) und von außen nach innen: EI 90-ef (i←o)	A2 – s1,d0**

1 beidseitig zu bekleiden, wenn Treppenraumwand gleichzeitig Wand des offenen Ganges ist

2 Teile innerhalb des Bauteils zur Gewährleistung der Standsicherheit (Eigengewicht) und Gebrauchstauglichkeit.

3 Eine in Bauteilebene durchgehende, nichtbrennbare Schicht: A2 – s1,d0**.

* Hinsichtlich der Anforderungen gilt Tabelle 1.2.

** Soweit erforderlich gilt Abschnitt 1.3.

Die Anforderung der Tabelle 4.3.3, Spalte 1, ist nur erfüllt, wenn anschließende Bauteile mindestens die gleiche Feuerwiderstandsfähigkeit aufweisen. Die Übergänge zu diesen Bauteilen dürfen den Raumabschluss nach lfd. Nr. A 2.1.3.3 nicht beeinträchtigen.

Tabelle 29: nach Anhang 4, Abschnitt 5.1.1, Tab. 5.1.1 MVV TB – **Feuer- und/ oder Rauchschutzabschlüsse im Inneren von baulichen Anlagen nach Verwendbarkeitsnachweisen gemäß § 17 MBO** [2], ausgenommen Förderanlagenabschlüsse – Bauaufsichtliche Anforderungen und Klassen sowie weitere Merkmale

	Bauaufsichtliche Anforderungen	Mindestens erforderliche Klasse gemäß Verwendbarkeitsnachweis	Zusätzliches Merkmal für die Verwendung: dichtschließend gemäß Abschnitt 5.4
	1	2	3
1	feuerhemmend und selbstschließend dichtschließend	T 30	erfüllt
2	feuerhemmend und selbstschließend rauchdicht	T 30-RS	
3	hochfeuerhemmend und selbstschließend dichtschließend	T 60	erfüllt
4	hochfeuerhemmend und selbstschließend rauchdicht	T 60-RS	
5	feuerbeständig und selbstschließend dichtschließend	T 90	erfüllt
6	feuerbeständig und selbstschließend rauchdicht	T 90-RS	
7	Feuerwiderstandsfähigkeit 120 Minuten und selbstschließend dichtschließend	T 120	erfüllt
8	Feuerwiderstandsfähigkeit 120 Minuten und selbstschließend rauchdicht	T 120-RS	
9	rauchdicht und selbstschließend	RS	

Tabelle 30: nach Anhang 4, Abschnitt 5.1.2, Tab. 5.1.2 MVV TB – **Feuer- und/ oder Rauchschutzabschlüsse in Außenwänden von baulichen Anlagen nach Verwendbarkeitsnachweisen gemäß § 17 MBO** [2], ausgenommen Förderanlagenabschlüsse – Bauaufsichtliche Anforderungen und Klassen sowie weitere Merkmale

	Bauaufsichtliche Anforderungen	Mindestens erforderlich Klasse gemäß Verwendbarkeitsnachweis	Weitere Merkmale für die Verwendung: Verformungsklassen
	1	**2**	**3**
1	feuerhemmend, rauchdicht und selbstschließend	T 30-RS	Klasse 2(d) und (e)
2	feuerbeständig, rauchdicht und selbstschließend	T 90-RS	Klasse 2(d) und (e)
3	rauchdicht und selbstschließend	RS	Klasse 2(d) und (e)

Tabelle 31: nach Anhang 4, Abschnitt 5.1.4, Tab. 5.1.4 MVV TB – Bauprodukte nach EAD Nr. 020029-00-1102 und EAD Nr. 020062-00-1102 sowie nach EN 16034:2014 in Verbindung mit EN 13241:2003+A2:2016 als **Feuer- und/oder Rauchschutzabschlüsse** zur Verwendung **im Inneren von baulichen Anlagen** – Bauaufsichtliche Anforderungen und mindestens erforderliche Leistungen und weitere erforderliche Merkmale

	Bauaufsichtliche Anforderungen	Mindestens erforderliche Leistungen	Weitere erforderliche Merkmale
		Feuerwiderstandsfähigkeit und Rauchdichtigkeit für Bauprodukte als Abschlüsse[1,2]	Brandverhalten
	1	**2**	**3**
1	feuerhemmend, dichtschließend selbstschließend	EI_2 30 S_a C[..]	E – d2
2	hochfeuerhemmend, dichtschließend selbstschließend	EI_2 60 S_a C[..]	

<table>
<tr><th rowspan="2"></th><th rowspan="2">Bauaufsichtliche Anforderungen</th><th>Mindestens erforderliche Leistungen</th><th>Weitere erforderliche Merkmale</th></tr>
<tr><th>Feuerwiderstandsfähigkeit und Rauchdichtigkeit für Bauprodukte als Abschlüsse[1,2]</th><th>Brandverhalten</th></tr>
<tr><td></td><td>1</td><td>2</td><td>3</td></tr>
<tr><td>3</td><td>feuerbeständig,
dichtschließend
selbstschließend</td><td>EI_2 90
S_a
C[..]</td><td rowspan="6">E – d2</td></tr>
<tr><td>4</td><td>feuerhemmend,
rauchdicht
selbstschließend</td><td>EI_2 30
S_{200}
C[..]</td></tr>
<tr><td>5</td><td>hochfeuerhemmend,
rauchdicht
selbstschließend</td><td>EI_2 60
S_{200}
C</td></tr>
<tr><td>6</td><td>feuerbeständig,
rauchdicht
selbstschließend</td><td>EI_2 90
S_{200}
C[..]</td></tr>
<tr><td>7</td><td>rauchdicht und selbstschließend</td><td>S_{200}
C[..]</td></tr>
<tr><td>8</td><td>dicht- und selbstschließend</td><td>S_a
C[..]</td></tr>
<tr><td>9</td><td>dicht- und selbstschließend aus nichtbrennbaren* Baustoffen</td><td>S_a
C[..]</td><td>A 2-s1,d0**</td></tr>
</table>

1 Die mindestens erforderlichen Leistungen müssen für beide Seiten des Abschlusses geprüft sein.

2 Festlegungen zur Prüfzyklenanzahl für die Dauerfunktionsprüfungen (Klassifizierung unter Einhaltung der Kriterien nach EN 14600:2005):
[C5 (200.000 Zyklen) für Feuerschutz-/Rauchschutztüren (Drehflügelabschlüsse), Schlupftüren in Toren sowie Bauprodukte nach EN 13241:2003 + A2:2016, die gemäß Abschnitt A 2.1.6 als Türen gelten]
[C2 (10.000 Zyklen) für sonstige Feuerschutz-/Rauchschutzabschlüsse (z. B. Klappen, Tore)]

* Hinsichtlich der Anforderungen gilt Tabelle 1.2

** Soweit erforderlich gilt Abschnitt 1.3.

Tabelle 32: nach Anhang 4, Abschnitt 5.1.4, Tab. 5.1.5 MVV TB – Bauprodukte nach EN 16034:2014 in Verbindung mit EN 14351-1:2006+A2:2016 oder EN 13241:2003+A2:2016 für die Verwendung als **Feuer- und/oder Rauchschutzabschlüsse in Außenwänden von baulichen Anlagen** – Bauaufsichtliche Anforderungen und weitere erforderliche Merkmale

	Bauaufsichtliche Anforderungen	Mindestens erforderliche Angaben Verformungsklassen
	1	2
1	feuerhemmend, rauchdicht und selbstschließend	Klasse 2(d) und 2(e)
2	feuerbeständig, rauchdicht und selbstschließend	Klasse 2(d) und 2(e)
3	rauchdichtselbstschließend	Klasse 2(d) und 2(e)

Tabelle 33: nach Anhang 4, Abschnitt 9.1, Tab. 9 MVV TB – **Brandschutzverglasungen** – Anforderungen und Klassen nach DIN 4102-13:1990-05

	Bauaufsichtliche Anforderung	Mindestens erforderliche Klassen nach DIN 4102-13:1990-05
	1	2
1	feuerhemmend	F 30
2	hochfeuerhemmend	F 60
3	feuerbeständig	F 90
4	Feuerwiderstandsfähigkeit 120 Minuten	F 120

Tabelle 34: nach Anhang 4, Anlage MVV TB – Erläuterungen der Klassifizierungskriterien und der zusätzlichen Angaben zur Klassifizierung

	Herleitung des Kurzzeichens	Kriterium	Anwendungsbereich
	1	2	3
1	R (Résistance)	Tragfähigkeit	zur Beschreibung der Feuerwiderstandsfähigkeit
2	E (Étanchéité)	Raumabschluss	
3	I (Isolation)	Wärmedämmung (unter Brandeinwirkung)	
4	W (Radiation)	Begrenzung des Strahlungsdurchtritts	
5	M (Mechanical)	Mechanische Einwirkung auf Wände (Stoßbeanspruchung)	
6	S_a (Smoke)	Begrenzung der Rauchdurchlässigkeit (Dichtheit, Leckrate), erfüllt die Anforderungen bei Umgebungstemperatur	dichtschließende Abschlüsse
7	S_{200} (Smoke$_{max. leakage rate}$)	Begrenzung der Rauchdurchlässigkeit (Dichtheit, Leckrate), erfüllt die Anforderungen sowohl bei Umgebungstemperatur als auch bei 200 °C	Rauchschutzabschlüsse (als Zusatzanforderung auch bei Feuerschutzabschlüssen)
8	C… (Closing)	Selbstschließende Eigenschaft (ggf. mit Anzahl der Lastspiele) einschl. Dauerfunktion	Rauchschutztüren, Feuerschutzabschlüsse (einschließlich Abschlüsse für Förderanlagen)
9	P	Aufrechterhaltung der Energieversorgung und/oder Signalübermittlung	Elektrische Kabelanlagen allgemein
10	K_1, K_2	Brandschutzvermögen	Wand- und Deckenbekleidungen (Brandschutzbekleidungen)
11	I_1, I_2	unterschiedliche Wärmedämmungskriterien	Feuerschutzabschlüsse (einschließlich Abschlüsse für Förderanlagen)
12	i→o i←o i↔o (in - out)	Richtung der klassifizierten Feuerwiderstandsdauer	Nichttragende Außenwände, Installationsschächte/-kanäle, lt. Tab. 8.2

	Herleitung des Kurzzeichens	Kriterium	Anwendungsbereich
	1	2	3
13	a↔b (above – below)	Richtung der klassifizierten Feuerwiderstandsdauer	Unterdecken
14	ca (cable)	Brandverhaltensklasse	Kabel
15	ROOF	Brandverhalten	Bedachungen

Die brandschutztechnische Eignung (Brandverhalten) muss für Bauteile und Baustoffe entsprechend DIN EN 13501-1/DIN 4102-4 und allgemeiner bauaufsichtlicher Zulassung gegeben sein. Die Bezeichnung der Brandschutzanforderungen entspricht der bauaufsichtlichen Benennung und ist wie folgt zu interpretieren:

Tabelle 35: Bauaufsichtliche Anforderungen zum Brandverhalten von Bauprodukten nach DIN EN 13501-1 und Baustoffen nach DIN 4102-1

Bauaufsichtliche Anforderung	Zusatzanforderung	DIN EN 13501-1			DIN 4102-1
		Bauprodukte	lineare Rohrdämmstoffe	Bodenbeläge	Baustoffklassen
nichtbrennbar	soweit erforderlich zusätzlich Schmelzpunkt > 1.000 °C	A2 – s1,d0	$A2_L$ – s1,d0	$A2_{fl}$ – s1	A 2
schwerentflammbar	nicht brennend abfallend oder abtropfend, sowie geringe Rauchentwicklung	C – s1,d0	C_L – s1,d0	–	B 1
	nicht brennend abfallend oder abtropfend	C – s2,d0	C_L – s2,d0	–	
	geringe Rauchentwicklung	C – s1,d2	C_L – s1,d2	C_{fl} – s1	
	ohne Zusatzanforderung	C – s2,d2	C_L – s2,d2	C_{fl} – s1	
normalentflammbar	nicht brennend abfallend oder abtropfend	E	E_L	–	B 2
	ohne Zusatzanforderung	E – d2	E_L – d2	–	

Erläuterungen DIN EN 13501 (europäische Norm):

R (Résistance)	Tragfähigkeit
E (Étanchéité)	Raumabschluss
I (Isolation)	Wärmedämmung
M (Mechanical)	Stoßbeanspruchung
i→o, i←o	Richtung der klassifizierten Feuerwiderstandsdauer

Erläuterungen DIN 4102 (nationale Norm):

F Feuerwiderstandsklasse

A nichtbrennbare Baustoffe

AB in wesentlichen Teilen aus nichtbrennbaren Baustoffen

B brennbare Baustoffe

Tabelle 36: Bauaufsichtliche Anforderungen der Feuerwiderstandsfähigkeit von Bauprodukten/Bauteilen nach DIN EN 13501-2 und Baustoffen/Bauteilen nach DIN 4102-2

Bauaufsichtliche Anforderung	DIN EN 13501-2				DIN 4102-2		
	tragende Bauteile ohne Raumabschluss	**tragende Bauteile mit Raumabschluss**	**nichttragende Bauteile**	**nichttragende Außenwände**	**aus nichtbrennbaren Baustoffen**	**in wesentlichen Teilen aus nichtbrennbaren Baustoffen**	**aus brennbaren Baustoffen**
feuerhemmend	R 30	REI 30	EI 30	E 30 (i→o) EI 30-ef (i←o)	F 30-A	F 30-AB	F 30-B
hochfeuerhemmend	R 60	REI 60	EI 60	E 60 (i→o) EI 60-ef (i←o)	F 60-A	F 60-AB	F 60-B
feuerbeständig	R 90	REI 90	EI 90	E 90 (i→o) EI 90-ef (i←o)	F 90-A	F 90-AB	F 90-B
Feuerwiderstandsfähigkeit 120 Minuten	R 120	REI 120	EI 120	–	F 120-A	F 120-AB	F 120-B
Brandwand	–	REI 90-M	EI 90-M	–	*(F 90-A, auch unter zusätzlicher mechanischer Beanspruchung)*	–	–
hochfeuerhemmende Wand anstelle einer Brandwand	–	REI 60-M	EI 60-M	–	*(F 60-A, auch unter zusätzlicher mechanischer Beanspruchung)*	–	–

Tabelle 37: Bauaufsichtliche Anforderungen von Feuerschutzabschlüssen/ Rauchschutztüren nach DIN EN 13501-2 und von Feuerschutzabschlüssen nach DIN 4102-5

Bauaufsichtliche Anforderung	DIN EN 13501-2	DIN 4102-5
feuerhemmend, dicht- und selbstschließend	EI_2 30-S_aC	T 30
feuerhemmend, rauchdicht und selbstschließend	EI_2 30-S_{200}C	T 30-RS
hochfeuerhemmend, dicht- und selbstschließend	EI_2 60-S_aC	T 60
hochfeuerhemmend, rauchdicht und selbstschließend	EI_2 60-S_{200}C	T 60-RS
feuerbeständig, dicht- und selbstschließend	EI_2 90-S_aC	T 90
feuerbeständig, rauchdicht und selbstschließend	EI_2 90-S_{200}C	T 90-RS
rauchdicht und selbstschließend	S_{200}C	RS
dicht- und selbstschließend	S_aC	(*DS*)
dichtschließend	–	(*D*)

Literatur

[1] Der Gerichtshof der Europäischen Union, https://curia.europa.eu/juris/document/document.jsf?text=&docid=158649&pageIndex=0&doclang=DE&mode=req&dir=&occ=first&part=1, Abruf vom 16.03.2022

[2] Musterbauordnung (MBO) in der Fassung November 2002, zuletzt geändert durch den Beschluss der Bauministerkonferenz vom 25.09.2020

[3] Muster-Verwaltungsvorschrift Technische Baubestimmungen (MVV TB), Ausgabe 2021/1, mit Druckfehlerberichtigung vom 4. März 2022

[4] Statistisches Bundesamt Deutschland, Bestand der Gefangenen und Verwahrten in den deutschen Justizvollzugsanstalten, Stichtag 31. März 2011, Stand 26.08.2011

[5] Statistisches Bundesamt Deutschland, Gesundheit, Grunddaten der Krankenhäuser, 2009, Stand 16.03.2011

[6] Statistisches Bundesamt Deutschland, Allgemeinbildende Schulen, Schuljahr 2009/2010, Stand 03.06.2011

[7] Pressemitteilung Zeit Online vom 8. Dezember 2010, Mehr als 80 Tote bei Gefängnisbrand in Chile, https://www.zeit.de/gesellschaft/zeitgeschehen/2010-12/chile-gefaengnis-santiago?utm_referrer=https%3A%2F%2Fwww.google.de%2F, Abruf vom 30.06.2020

[8] Schneider, Ulrich: Ingenieurmethoden im Baulichen Brandschutz. 5. Auflage, Expert Verlag, 2007

[9] Strafvollzugsgesetz (StVollzG) vom 16. März 1976 GBl. I S. 581, 2088; 1977 I S. 436), das zuletzt durch Artikel 27 des Gesetzes vom 5. Oktober 2021 (BGBl. I S. 4607) geändert worden ist

[10] Justizportal des Landes Nordrhein-Westfalen, https://www.justiz.nrw.de/BS/recht_a_z/J/Justizvollzugsanstalten/index.php, Abruf am 30.06.2022

[11] Laubenthal, Klaus: Strafvollzug. 5. Auflage, Springer-Verlag, Berlin, Heidelberg, 2008

[12] Walter, Michael: Strafvollzug. 2. Auflage, Boorberg, Stuttgart: 1999

[13] Maßregelvollzug. In Wikipedia, https://de.wikipedia.org/wiki/Ma%C3%9Fregelvollzug, Abruf vom 14.03.2022

[14] Forensische Psychiatrie. In Wikipedia, https://de.wikipedia.org/wiki/Forensische_Psychiatrie, Abruf vom 14.03.2022

[15] Polizeigewahrsam. In Wikipedia, https://de.wikipedia.org/wiki/Polizeigewahrsam, Abruf vom 18.05.2022

[16] Anzahl der Gefangenen und Verwahrten in den Justizvollzugsanstalten (geschlossener und offener Vollzug) in Deutschland nach Art des Strafvollzugs am 31. März 2021. In statista, https://de.statista.com/statistik/daten/studie/158317/umfrage/gefangene-und-verwahrte-in-deutschland-nach-art-des-vollzugs/#professional, Stichtag 31.03.2021, Abruf vom 15.03.2022

[17] Justizanstalten. In Die österreichische Justiz Bundesministerium für Justiz, https://www.justiz.gv.at/home/strafvollzug/justizanstalten.2c94848642ec5e0d0143e7f4ec274524.de.html, Stichtag: 01.03.2022, Abruf vom 18.03.2022

[18] Justizvollzugseinrichtungen. In Bundesamt für Statistik bfs, https://www.bfs.admin.ch/bfs/de/home/statistiken/kriminalitaet-strafrecht/justizvollzug/justizvollzugseinrichtungen.html, Stichtag: 01.04.2021, Abruf vom 18.03.2022

[19] Verzeichnis über die Einrichtungen des Maßregelvollzuges in der Bundesrepublik Deutschland, In Justiz-Online Justizportal Nordrhein-Westfalen https://www.justiz.nrw.de/Gerichte_Behoerden/anschriften/justizanschriften/bundesweit/massregelvollzug.pdf, Stichtag 22.01.2021, Abruf vom 15.03.2022

[20] Sozialtherapie im Strafvollzug 2018, In KRIMZ Kriminologische Zentralstelle, https://www.krimz.de/fileadmin/dateiablage/E-Publikationen/BM-Online/bm-online15.pdf, Stichtag 31.03.2018, Abruf vom 15.03.2022

[21] Braun, Susanne: Das Gefängnis als staatliche Bauaufgabe dargestellt am Beispiel der Kölner Strafanstalt „Der Klingelpütz". Dissertation, Universität zu Köln, 2003

[22] Winkelmann, Arne und Förster, Yorck, Hrsg.: Gewahrsam. Räume der Überwachung. Publikation zur Ausstellung „Gewahrsam. Räume der Überwachung" des Deutschen Architekturmuseums (DAM), Kehrer Verlag und Deutsches Architekturmuseum (DAM), Frankfurt am Main, 2007

[23] Empfehlungen für den Bau von Justizvollzugsanstalten, Arbeits- und Planungshilfen des Strafvollzugsausschusses der Länder, Stand September 2000

[24] Empfehlungen zum Brandschutz beim Bau und Betrieb von Justizvollzugsanstalten des geschlossenen Vollzuges in NRW, Arbeitspapier einer gemeinsamen Projektgruppe des Bau- und Liegenschaftsbetriebes

NRW und der Justizvollzugsverwaltung, Stand Dezember 2007, Fassung 01/2009

[25] Technische Richtlinien vorbeugender Brandschutz: „TRVB 160 N (Ausgabe 2011) Justizanstalten – baulicher und technischer Brandschutz“, Hrsg.: Österreichischer Bundesfeuerwehrverband

[26] Fennel, Kaja: Gefängnisarchitektur und Strafvollzugsgesetz – Anspruch und Wirklichkeit – am Beispiel des hessischen Vollzuges. Dissertation, Bayerische Julius-Maximilians-Universität Würzburg, 2006

[27] Baurichtlinie für den sächsischen Justizvollzugsbau, Ergänzung der bundeseinheitlichen „Empfehlungen für den Bau von Justizvollzugsanstalten“, Sächsisches Staatsministerium der Justiz und für Demokratie, Europa und Gleichstellung, Abteilung Justizvollzug, Stand 12.2020

[28] Empfehlungen für den Bau von Justizvollzugsanstalten, Oberste Baubehörde im Bayerischen Staatsministerium des Innern, Interministerielle Arbeitsgruppe für Justizvollzugsbauten, Stand 2009 (Abschnitt 14 – Brandschutz)

[29] Handbuch für Bauten des Straf- und Maßnahmenvollzuges, Einrichtungen Erwachsene, Bundesamt für Justiz BJ Direktionsbereich Strafrecht Fachbereich Straf- und Maßnahmenvollzug, 3003 Bern (Schweiz), Stand 26. September 2016

[30] Handbuch Bauten Erziehungseinrichtungen – Handbuch für Bauten des Straf- und Maßnahmenvollzugs, Einrichtungen Kinder, Jugendliche und junge Erwachsene, Stand 1. Februar 2018

[31] Allgemeinen Verwaltungsvorschrift zum materiellen Geheimschutz (Verschlusssachenanweisung für die Behörden des Freistaates Bayern (VSA)) vom 10. August 2018

[32] Hinweise des Wirtschaftsministeriums Baden-Württemberg über den baulichen Brandschutz in Krankenhäusern und baulichen Anlagen entsprechender Zweckbestimmung, in MLW Baden-Württemberg https://mlw.baden-wuerttemberg.de/fileadmin/redaktion/m-mlw/intern/Dateien/03_Bauen-Wohnen/Bauvorschriften/Hinweise_%C3%BCber_den_baulichen_Brandschutz_in_Krankenh%C3%A4usern.pdf, Abruf vom 18.03.2022

[33] HE-Gruppenbetreuung, in Hessische Landesfeuerwehrschule hlfs, https://hlfs.hessen.de/sites/hlfs.hessen.de/files/handlungsempfehlungen_zum_vorbeugenden_brandschutz_in_altenpflegeheimen_he-gruppenbetreuung_stand_dezember_2011.pdf, Abruf vom 18.03.2022

[34] Richtlinie über bauaufsichtliche Anforderungen an den Bau und Betrieb von Einrichtungen mit Pflege- und Betreuungsleistungen RdErl. D. Ministeriums für Wirtschaft, Energie, Bauen, Wohnen und Verkehr – X.1 – 141.01 – v. 17.3.2011, In RECHT.NRW.DE, https://recht.nrw.de/lmi/owa/br_bes_text?anw_nr=1&bes_id=17524&aufgehoben=N, Abruf vom 18.03.2022

[35] Handlungsempfehlungen zum Vorbeugenden Brandschutz für den Bau und Betrieb von vollstationären Pflegeeinrichtungen der 4. Generation in Mecklenburg-Vorpommern, in MV Mecklenburg-Vorpommern, Ministerium für Wirtschaft, Infrastruktur, Tourismus und Arbeit, http://www.mv-regierung.de/wm/arbm/doku/BO_Handlungsempfehlungen_Brandschutz.pdf, Abruf vom 18.03.2022

[36] Verordnung über bauaufsichtliche Anforderungen an Krankenhäuser und Pflegeheime im Land Brandenburg (Brandenburgische Krankenhaus- und Pflegeheim-Bauverordnung – BbgKPBauV), In bravors.brandenburg.de, https://bravors.brandenburg.de/de/verordnungen-212240, Abruf vom 18.03.2022

[37] Sozialtherapeutische Anstalten und Abteilungen im Justizvollzug, Mindestanforderungen an Organisation und Ausstattung sowie Indikation zur Verlegung, Revidierte Empfehlungen des Arbeitskreises Sozialtherapeutische Anstalten im Justizvollzug e. V. – Stand 2016, In sotha.de, AK Sotha, Arbeitskreis Sozialtherapeutische Anstalten im Justizvollzug e. V, http://sotha.de/downloads/64/Mindestanforderungen2016.pdf, Abruf vom 18.03.2022

[38] DBV-Merkblatt „Brandschutz“, Deutscher Beton- und Bautechnik-Verein e. V., Berlin Januar 2008

[39] Becker, Norbert; Rost, Volker: Brandschutz in Justizvollzugsanstalten. Besondere Konzepte erforderlich. In FFZ Feuerwehr Fachzeitschrift Nr. 3, 2005, Seite 173–177

[40] Schneider – Ingenieurmethoden im Baulichen Brandschutz, Expert Verlag, Renningen 2002

[41] Heilmann, Sylvia: Brandschutz in Kindergärten, Schulen und Hochschulen, Verlag für Brandschutzpraxis, 2009

[42] DIN EN 1991-1-2:2010-12, Anhang E, Abschnitt E.2.5, Tabelle E.4 – Klassifizierung der Brandlast nach Nutzungseinheiten

[43] Seelich, Andrea: Handbuch Strafvollzugsarchitektur. Springer-Verlag Wien, 2009

[44] Engel, Gabriele; Korndörfer, Hermann: Empfehlungen für den Bau von Justizvollzugsanstalten. In bau intern Nr. 7, 2001, Seite 154–155

[45] MSchulbauR – Muster-Schulbau-Richtlinie (Muster-Richtlinie über bauaufsichtliche Anforderungen an Schulen), Fassung April 2009

[46] M-EltVTR – Muster-Richtlinie über elektrische Verriegelungssysteme von Türen in Rettungswegen, Fassung Dezember 1997

[47] Zulässige Änderungen und Ergänzungen an Feuerschutzabschlüssen und Feuerschutzabschlüssen mit Rauchschutzeigenschaften im modifizierten Zulassungsverfahren, Stand 01.12.2009, Deutsches Institut für Bautechnik

[48] Schwake, Friedhelm: Brandschutz mit Türen und Toren – Sicherheit für Mensch und Material. In Deutsches Ingenieurblatt, Nr. 05, 2006, Seite 12–14

[49] MPA Dresden, Prüfbericht Nr. 2011-B-2141 zur Feuerwiderstandsprüfung einer Haftraumtür vom 19.05.2011

[50] DIN 4102-5:1977-09, Brandverhalten von Baustoffen und Bauteilen; Feuerschutzabschlüsse, Abschlüsse in Fahrschachtwänden und gegen Feuer widerstandsfähige Verglasungen – Begriffe, Anforderungen und Prüfungen

[51] DIN EN 1634-1:2018-04, Feuerwiderstandsprüfungen und Rauchschutzprüfungen für Türen, Tore, Abschlüsse, Fenster und Baubeschläge – Teil 1: Feuerwiderstandsdauer für Türen, Tore, Abschlüsse und Fenster; Deutsche Fassung EN 1634-1:2014+A1:2018

[52] DIN EN 1363-1:2020-05, Feuerwiderstandsprüfungen – Teil 1: Allgemeine Anforderungen; Deutsche Fassung EN 1363-1:2020

[53] Richtlinie Haftraumtüren und Türen für Verwahrungsräume – Anforderungen, Prüfungen, Klassifizierung, Ausgabe Februar 2004, PTE Rosenheim GmbH

[54] Nachrüst-Rauchschutzsystem „System Schröders RSA" für 1-flügelige Bestandstüren

[55] Gutachten der MPA NRW Nr. 120002329-21 vom 12.10.2005

[56] Gutachterliche Stellungnahme Nr. 27/06-We von Prof. Dr.-Ing. Jürgen Wesche vom 30.08.2006

[57] DIN 18095 (alle Teile) – Türen; Rauchschutztüren
Teil 1:1988-10, Türen; Rauchschutztüren; Begriffe und Anforderungen

Teil 2:1991-03, Türen; Rauchschutztüren; Bauartprüfung der Dauerfunktionstüchtigkeit und Dichtheit
Teil 3:1999-06, Rauchschutzabschlüsse – Teil 3: Anwendung von Prüfergebnissen

[58] DIN 18091:1993-07, Aufzüge; Schacht-Schiebetüren für Fahrschächte mit Wänden der Feuerwiderstandsklasse F 90

[59] DIN EN 81-58:2022-08, Sicherheitsregeln für die Konstruktion und den Einbau von Aufzügen – Überprüfung und Prüfverfahren – Teil 58: Prüfung der Feuerwiderstandsfähigkeit von Fahrschachttüren; Deutsche Fassung EN 81-58:2022

[60] DIN EN 81-73:2020-11, Sicherheitsregeln für die Konstruktion und den Einbau von Aufzügen – Besondere Anwendungen für Personen- und Lastenaufzüge – Teil 73: Verhalten von Aufzügen im Brandfall; Deutsche Fassung EN 81-73:2020

[61] MBeVO – Muster-Beherbergungsstättenverordnung (Muster-Verordnung über den Bau und Betrieb von Beherbergungsstätten), Fassung Dezember 2000

[62] Anhörung zur Änderung der Musterbauordnung (MBO) vom 20.12.2021, Anlage: Synopse zur Änderung der MBO, Dokumententitel: „20211217_Anhörung_MBO_Synopse_§6_Brandschutz.docx"

[63] ASR A2.3 – Fluchtwege und Notausgänge, Technische Regeln für Arbeitsstätten (ASR), vom 1. März 2022

[64] DIN 18232-5:2012-11, Rauch- und Wärmefreihaltung – Teil 5: Maschinelle Rauchabzugsanlagen (MRA); Anforderungen, Bemessung

[65] Quenzel, Karl-Heinz: Einrichtungen zur Rauch- und Wärmefreihaltung, 4. überarbeitete Auflage. Feuertrutz Verlag, Köln, 2009

[66] Muster-Richtlinie über brandschutztechnische Anforderungen an Leitungsanlagen (Muster-Leitungsanlagen-Richtlinie MLAR), Fachkommission Bauaufsicht der Bauministerkonferenz, Fassung: 10.02.2015, zuletzt geändert durch Beschluss der Fachkommission Bauaufsicht vom 03.09.2020

[67] Graul, Hans-Joachim: Die baulichen Voraussetzungen für den Vollzug von Freiheitsstrafen. Dissertation, Technische Hochschule Aachen, 1965

[68] Baurichtlinie für den sächsischen Justizvollzugsbau, Ergänzung der bundeseinheitlichen „Empfehlungen für den Bau von Justizvollzugsanstalten" aus dem Jahr 1999, Sächsisches Staatsministerium der Justiz, Abteilung Justizvollzug, Stand Januar 2006

[69] Muster-Richtlinie über brandschutztechnische Anforderungen an Lüftungsanlagen (Muster-Lüftungsanlagen-Richtlinie M-LüAR), Fachkommission Bauaufsicht der Bauministerkonferenz, Fassung: 29.09.2005, zuletzt geändert durch Beschluss der Fachkommission Bauaufsicht vom 03.09.2020

[70] Teichmann, Gottfried: Brandschutz in Tunnelbauwerken und unterirdischen Verkehrsanlagen. In Promat-Tunnelhandbuch Bautechnischer Brandschutz T1, Promat GmbH Ratingen, Stand 07/2003

[71] DIN 14462:2012-09, Löschwassereinrichtungen - Planung, Einbau, Betrieb und Instandhaltung von Wandhydrantenanlagen sowie Anlagen mit Über- und Unterflurhydranten

[72] DIN 14461-1:2016-10, Feuerlösch-Schlauchanschlusseinrichtungen – Teil 1: Wandhydrant mit formstabilem Schlauch

[73] DIN EN 2:2005-01, Brandklassen; Deutsche Fassung EN 2:1992 + A1:2004

[74] DIN 1988 (alle Teile) – Technische Regeln für Trinkwasser-Installationen
Teil 100:2011-08, Technische Regeln für Trinkwasser-Installationen – Teil 100: Schutz des Trinkwassers, Erhaltung der Trinkwassergüte; Technische Regel des DVGW
Teil 200:2012-05, Technische Regeln für Trinkwasser-Installationen – Teil 200: Installation Typ A (geschlossenes System) - Planung, Bauteile, Apparate, Werkstoffe; Technische Regel des DVGW
Teil 300:2012-05, Technische Regeln für Trinkwasser-Installationen – Teil 300: Ermittlung der Rohrdurchmesser; Technische Regel des DVGW
Teil 500:2021-05, Technische Regeln für Trinkwasser-Installationen – Teil 500: Druckerhöhungsanlagen mit drehzahlgeregelten Pumpen
Teil 600: 2021-07, Technische Regeln für Trinkwasser-Installationen – Teil 600: Trinkwasser-Installationen in Verbindung mit Feuerlösch- und Brandschutzanlagen

[75] DIN 14461-2:2009-09, Feuerlösch-Schlauchanschlusseinrichtungen – Teil 2: Einspeiseeinrichtung und Entnahmeeinrichtung für Löschwasserleitungen „trocken“

[76] DIN EN 54 (alle Teile), Brandmeldeanlagen
Teil 1:2021-08, Brandmeldeanlagen – Teil 1: Einleitung; Deutsche Fassung EN 54-1:2021
Teil 2:1997-12, Brandmeldeanlagen – Teil 2: Brandmelderzentralen; Deutsche Fassung EN 54-2:1997
Teil 2/A1:2007-01, Brandmeldeanlagen– Teil 2: Brandmelderzentralen;

Deutsche Fassung EN 54-2:1997/A1:2006
Teil 3:2019-11, Brandmeldeanlagen – Teil 3: Feueralarmeinrichtungen – Akustische Signalgeber; Deutsche Fassung EN 54-3:2014+A1:2019
Teil 4:1997-12, Brandmeldeanlagen – Teil 4: Energieversorgungseinrichtungen; Deutsche Fassung EN 54-4:1997
Teil 4/A1:2003-03, Brandmeldeanlagen – Teil 4: Energieversorgungseinrichtungen; Änderung A1; Deutsche Fassung EN 54-4:1997/A1:2002
Teil 4/A2:2007-01, Brandmeldeanlagen – Teil 4: Energieversorgungseinrichtungen; Deutsche Fassung EN 54-4:1997/A2:2006
Teil 5:2018-10, Brandmeldeanlagen – Teil 5: Wärmemelder – Punktförmige Melder; Deutsche Fassung EN 54-5:2017+A1:2018
Teil 7:2018-10, Brandmeldeanlagen – Teil 7: Rauchmelder – Punktförmige Melder nach dem Streulicht-, Durchlicht- oder Ionisationsprinzip; Deutsche Fassung EN 54-7:2018
Teil 10:2002-05, Brandmeldeanlagen – Teil 10: Flammenmelder; Punktförmige Melder; Deutsche Fassung EN 54-10:2002
Teil 10/A1:2006-03, Brandmeldeanlagen – Teil 10: Flammenmelder – Punktförmige Melder; Deutsche Fassung EN 54-10/A1:2005
Teil 11:2001-10, Brandmeldeanlagen – Teil 11: Handfeuermelder; Deutsche Fassung EN 54-11:2001
Teil 11/A1:2006-03, Brandmeldeanlagen – Teil 11: Handfeuermelder; Deutsche Fassung EN 54-11/A1:2005
Teil 12:2015-10, Brandmeldeanlagen – Teil 12: Rauchmelder – Linienförmiger Melder nach dem Durchlichtprinzip; Deutsche Fassung EN 54-12:2015
Teil 12 Berichtigung 1:2018-08, Brandmeldeanlagen – Teil 12: Rauchmelder – Linienförmiger Melder nach dem Durchlichtprinzip; Deutsche Fassung EN 54-12:2015, Berichtigung zu DIN EN 54-12:2015-10
Teil 13:2020-02, Brandmeldeanlagen – Teil 13: Bewertung der Kompatibilität und Anschließbarkeit von Systembestandteilen; Deutsche Fassung EN 54-13:2017+A1:2019
Teil 16:2008-06, Brandmeldeanlagen – Teil 16: Sprachalarmzentralen; Deutsche Fassung EN 54-16:2008
Teil 17:2006-03, Brandmeldeanlagen – Teil 17: Kurzschlussisolatoren; Deutsche Fassung EN 54-17:2005
Teil 18:2006-03, Brandmeldeanlagen – Teil 18: Eingangs-/Ausgangsgeräte; Deutsche Fassung EN 54-18:2005, einschließlich von Berichtigung 1 2007-05
Teil 20:2009-02, Brandmeldeanlagen – Teil 20: Ansaugrauchmelder; Deutsche Fassung EN 54-20:2006+AC:2008

Teil 21:2006-08, Brandmeldeanlagen – Teil 21: Übertragungseinrichtungen für Brand- und Störungsmeldungen; Deutsche Fassung EN 54-21:2006
Teil 22:2020-07, Brandmeldeanlagen – Teil 22: Rücksetzbare linienförmige Wärmemelder; Deutsche Fassung EN 54-22:2015+A1:2020
Teil 23:2010-06, Brandmeldeanlagen – Teil 23: Feueralarmeinrichtungen – Optische Signalgeber; Deutsche Fassung EN 54-23:2010
Teil 24:2008-06, Brandmeldeanlagen – Teil 24: Komponenten für Sprachalarmierungssysteme – Lautsprecher; Deutsche Fassung EN 54-24:2008
Teil 25:2009-02, Brandmeldeanlagen – Teil 25: Bestandteile, die Hochfrequenz-Verbindungen nutzen; Deutsche Fassung EN 54-25:2008
Teil 25 Berichtung 1:2012-09, Brandmeldeanlagen – Teil 25: Bestandteile, die Hochfrequenz-Verbindungen nutzen; Deutsche Fassung EN 54-25: 2008, Berichtigung zu DIN EN 54-25:2009-02; Deutsche Fassung EN 54-25:2008/AC:2012
Teil 26:2015-11, Brandmeldeanlagen – Teil 26: Kohlenmonoxidmelder – Punktförmige Melder; Deutsche Fassung EN 54-26:2015
Teil 27:2015-05, Brandmeldeanlagen – Teil 27: Rauchmelder für die Überwachung von Lüftungsleitungen; Deutsche Fassung EN 54-27:2015
Teil 28:2016-07, Brandmeldeanlagen – Teil 28: Nicht-rücksetzbare linienförmige Wärmemelder; Deutsche Fassung EN 54-28:2016
Teil 29:2015-06, Brandmeldeanlagen – Teil 29: Mehrfachsensor-Brandmelder – Punktförmige Melder mit kombinierten Rauch- und Wärmesensoren; Deutsche Fassung EN 54-29:2015
Teil 30:2015-11, Brandmeldeanlagen – Teil 30: Mehrfachsensor-Brandmelder – Punktförmige Melder mit kombinierten CO- und Wärmesensoren; Deutsche Fassung EN 54-30:2015
Teil 31:2016-12, Brandmeldeanlagen – Teil 31: Mehrfachsensor-Brandmelder – Punktförmige Melder mit kombinierten Rauch-, CO- und optionalen Wärmesensoren; Deutsche Fassung EN 54-31:2014+A1:2016

[77] DIN VDE 0833-1:2014-10 und DIN VDE 0833-2:2022-06, Gefahrenmeldeanlagen für Brand, Einbruch und Überfall

[78] DIN 14675-1:2020-01, Brandmeldeanlagen – Teil 1: Aufbau und Betrieb

[79] DIN EN 54-20:2009-02, Brandmeldeanlagen – Teil 20: Ansaugrauchmelder; Deutsche Fassung EN 54-20:2006+AC:2008

[80] ASR A3.4 Abschnitt 7 – Sicherheitsbeleuchtung für Tätigkeiten, Arbeitsplätze, Arbeitsräume und Bereiche, vom 01.03.2022

[81] Förster, Michael: Das Ziel: Umfassende Sicherheit in der JVA gewährleisten. Fachartikel von Michael von Förster, www.boschsicherheitssysteme.de, Abruf vom 08.12.2010

[82] Gesetz über die Durchführung von Maßnahmen des Arbeitsschutzes zur Verbesserung der Sicherheit und des Gesundheitsschutzes der Beschäftigten bei der Arbeit – ArbSchG – Arbeitsschutzgesetz – vom 7. August 1996

[83] DIN 14095:2007-05, Feuerwehrpläne für bauliche Anlagen

[84] BGV A8 – Sicherheits- und Gesundheitsschutzkennzeichnung am Arbeitsplatz – Berufsgenossenschaftliche Vorschriften (BGV), Stand 2002

[85] DIN 4844-2:2021-11, Graphische Symbole – Sicherheitsfarben und Sicherheitszeichen – Teil 2: Registrierte Sicherheitszeichen

[86] DIN ISO 23601:2021-11, Sicherheitskennzeichnung – Flucht- und Rettungspläne (ISO 23601:2020)

[87] DIN EN 3 (alle Teile), Tragbare Feuerlöscher
Teil 7:2007-10, Tragbare Feuerlöscher – Teil 7: Eigenschaften, Leistungsanforderungen und Prüfungen; Deutsche Fassung EN 3-7:2004+A1:2007
Teil 8:2021-10, Tragbare Feuerlöscher – Teil 8: Anforderungen an die konstruktive Ausführung, Druckfestigkeit und mechanischen Prüfungen für tragbare Feuerlöscher mit einem Höchstdruck kleiner gleich 30 bar, welche die Anforderungen aus EN 3-7 erfüllen; Deutsche Fassung EN 3-8:2021
Teil 9:2007-02, Tragbare Feuerlöscher – Teil 9: Zusätzliche Anforderungen zu EN 3-7 an die Druckfestigkeit von Kohlendioxid-Feuerlöschern; Deutsche Fassung EN 3-9:2006, einschließlich Berichtigungen 1: 2008-01
Teil 10:2010-03, Tragbare Feuerlöscher – Teil 10: Festlegungen für die Bestätigung der Konformität tragbarer Feuerlöscher nach EN 3-7; Deutsche Fassung EN 3-10:2009

[88] BGR 133 Ausrüstung von Arbeitsstätten mit Feuerlöschern, Berufsgenossenschaftliche Regeln für Sicherheit und Gesundheit bei der Arbeit (BGR), Ausgabe Oktober 2004

[89] VdS 2001:1998-03, Regeln für die Ausrüstung von Arbeitsstätten mit Feuerlöschern

[90] DIN 14090:2003-05, Flächen für die Feuerwehr auf Grundstücken

[91] Muster-Richtlinien über Flächen für die Feuerwehr, Fassung Februar 2007

[92] Trümmerschatten. In Wikipedia, http://de.wikipedia.org/wiki/Tr%C3%BCmmerschatten, Abruf vom 28.11.2010

[93] DVGW-Arbeitsblatt W 405, Ausgabe Februar 2008, Deutscher Verein des Gas- und Wasserfaches e. V.

[94] Becker, Norbert; Rost, Volker: Brandschutz in Justizvollzugsanstalten. Besondere Konzepte erforderlich. In FFZ Feuerwehr Fachzeitschrift Nr. 3, 2005, Seite 173–177

[95] Eilers, Sebastian: Masterthesis – Strömungstechnische Berechnungen im vorbeugenden Brandschutz. Hannover: FH Zittau/Görlitz, 12/2010

[96] McGrattan, Kevin, Hostikka, Simon und Floyd, Jason: Fire Dynamics Simulator (Version 5) – User's Guide. USA: National Institut of Standard and Technology (NIST), 10/2009

[97] Hosser, Dietmar: Technischer Bericht – TB 04-01 – Leitfaden Ingenieurmethoden des Brandschutzes. Altenberge; Braunschweig: Technisch-Wissenschaftlicher Beirat (TWB) der Vereinigung zur Förderung des Deutschen Brandschutzes e. V. (vfdb), 05/2009 (2. Auflage)

[98] Schneider, Ulrich: Ingenieurmethoden im Brandschutz. – 2. Auflage, Werner Verlag, Köln, 2009

Stichwortverzeichnis

Bildnachweis

Autorenporträt	Elena Otto, Leipzig
Abbildungen 6 und 7:	Deutsche Bauzeitung, Nr. 82, 1911
Abbildungen 16 bis 18:	Dr.-Ing. Norbert Becker, Dipl.-Ing. Volker Rost, RWTÜV Systems GmbH
Abbildungen 26 und 27:	Teckentrup GmbH & Co. KG
Abbildungen 40 und 42:	Matthias Graf, Leipzig

Alle anderen Abbildungen stammen aus dem Archiv des Autors.

Inserentenverzeichnis

Die inserierenden Firmen und die Aussagen in Inseraten stehen nicht notwendigerweise in einem Zusammenhang mit den in diesem Buch abgedruckten Normen. Aus dem Nebeneinander von Inseraten und redaktionellem Teil kann weder auf die Normgerechtheit der beworbenen Produkte oder Verfahren geschlossen werden, noch stehen die Inserenten notwendigerweise in einem besonderen Zusammenhang mit den wiedergegebenen Normen. Die Inserenten dieses Buches müssen auch nicht Mitarbeiter eines Normenausschusses oder Mitglied von DIN sein. Inhalt und Gestaltung der Inserate liegen außerhalb der Verantwortung von DIN.

Zuschriften bezüglich des Anzeigenteils werden erbeten an:

Beuth Verlag GmbH
Anzeigenverwaltung
Am DIN-Platz
Burggrafenstraße 6
10787 Berlin